2012 年全国计算机等级考试系列辅导用书

——上机、笔试、智能软件三合一

二级 Visual Basic

（含公共基础知识）

（2012 年考试专用）

全国计算机等级考试命题研究中心
天 合 教 育 金 版 一 考 通 研 究 中 心　编

机械工业出版社
CHINA MACHINE PRESS

2012 年全国计算机等级考试在新大纲的标准下实施。本书依据本次最新考试大纲调整,为考生提供了高效的二级 Visual Basic 备考策略。

　　本书共分为"笔试考试试题"、"上机考试试题"、"笔试考试试题答案与解析"和"上机考试试题答案与解析"四个部分。

　　第一部分主要立足于最新的考试大纲,解读最新考试趋势与命题方向,指导考生高效备考,通过这部分的学习可了解考试的试题难度以及重点;第二部分主要是针对最新的上机考试题型和考点,配合随书光盘使用,帮助考生熟悉上机考试的环境;第三部分提供了详尽的笔试试题讲解与标准答案,为考生备考提供了可靠的依据;第四部分为考生提供了上机试题的标准答案,帮助考生准确把握上机的难易程度。

　　另外,本书配备了上机光盘为考生提供真实的模拟环境并且配备了大量的试题以方便考生练习,同时也为考生提供了最佳的学习方案,通过练习使考生从知其然到知其所以然,为考试通过打下坚实的基础。

图书在版编目(CIP)数据

二级 Visual Basic / 全国计算机等级考试命题研究中心,天合教育金版一考通研究中心编.—北京:机械工业出版社,2011.10

(上机、笔试、智能软件三合一)

2012 年全国计算机等级考试系列辅导用书

ISBN 978-7-111—36212-8

Ⅰ.①二…Ⅱ.①全…②天…Ⅲ.①BASIC 语言—程序设计Ⅳ.①TP312

中国版本图书馆 CIP 数据核字(2011)第 216344 号

机械工业出版社(北京市百万庄大街 22 号　邮政编码 100037)
策划编辑:丁　诚　　　责任编辑:丁　诚　杨　源
责任印制:杨　曦
保定市中画美凯印刷有限公司印刷
2012 年 1 月第 1 版第 1 次印刷
210mm×285mm · 12 印张 · 441 千字
0 001—4 000 册
标准书号:ISBN 978-7-111-36212-8
光盘号:ISBN 978-7-89433-170-0
定价:36.00 元(含 1CD)

凡购本书,如有缺页、倒页、脱页,由本社发行部调换

电话服务	网络服务
社 服 务 中 心:(010)88361066	门户网:http://www.cmpbook.com
销 售 一 部:(010)68326294	
销 售 二 部:(010)88379649	教材网:http://www.cmpedu.com
读者购书热线:(010)88379203	**封面无防伪标均为盗版**

前　言

全国计算机等级考试(NCRE)自1994年由教育部考试中心推出以来,历经十余年,共组织二十多次考试,成为面向社会的用于考查非计算机专业人员计算机应用知识与能力的考试,并日益得到社会的认可和欢迎。客观、公正的等级考试为培养大批计算机应用人才开辟了广阔的天地。

为了满足广大考生的备考要求,我们组织了多名多年从事计算机等级考试的资深专家和研究人员精心编写了《2012年全国计算机等级考试系列辅导用书》,本书是该丛书中的一本。本书紧扣考试大纲,结合历年考试的经验,增加了一些新的知识点,删除了部分低频知识点,编排体例科学合理,可以很好地帮助考生有针对性地、高效地做好应试准备。本书由上机考试和笔试两部分组成,配套使用可取得更好的复习效果,提高考试通过率。

一、笔试考试试题

本书中包含的10套笔试试题,由本丛书编写组中经验丰富的资深专家在全面深入研究真题、总结命题规律和发展趋势的基础上精心选编,无论在形式上还是难度上,都与真题一致,是考前训练的最佳选择。

二、上机考试试题

本书包含的20套上机考试试题,针对有限的题型及考点设计了大量考题。本书的上机试题是从题库中抽取全部典型题型,提高备考效率。

三、上机模拟软件

从登录到答题、评分,都与等级考试形式完全一样,评分系统由对考试有多年研究的专业教师精心设计,使模拟效果更加接近真实的考试。本丛书试题的解析由具有丰富实践经验的一线教学辅导教师精心编写,语言通俗易懂,将抽象的问题具体化,使考生轻松、快速地掌握解题思路和解题技巧。

在此,我们对在本丛书编写和出版过程中,给予过大力支持和悉心指点的考试命题专家和相关组织单位表示诚挚的感谢。由于时间仓促,本书在编写过程中难免有不足之处,恳请读者批评指正。

丛书编写组

目　　录

< V >

第1章 考试大纲

考试大纲

基本要求

1. 熟悉 Visual Basic 集成开发环境。

2. 了解 Visual Basic 中对象的概念和事件驱动程序的基本特性。

3. 了解简单的数据结构和算法。

4. 能够编写和调试简单的 Visual Basic 程序。

考试内容

一、Visual Basic 程序开发环境

1. Visual Basic 的特点和版本。

2. Visual Basic 的启动与退出。

3. 主窗口:

(1)标题和菜单。

(2)工具栏。

4. 其他窗口:

(1)窗体设计器和工程资源管理器。

(2)属性窗口和工具箱窗口。

二、对象及其操作

1. 对象:

(1)Visual Basic 的对象。

(2)对象属性设置。

2. 窗体:

(1)窗体的结构与属性。

(2)窗体事件。

3. 控件:

(1)标准控件。

(2)控件的命名和控件值。

4. 控件的画法和基本操作。

5. 事件驱动。

三、数据类型及运算

1. 数据类型:

(1)基本数据类型。

(2)用户定义的数据类型。

2. 常量和变量:

(1)局部变量和全局变量。

(2)变体类型变量。

(3)默认声明。

3. 常用内部函数。

< 1 >

4.运算符和表达式：

(1)算术运算符。

(2)关系运算符和逻辑运算符。

(3)表达式的执行顺序。

四、数据输入/输出

1.数据输出。

(1)Print 方法。

(2)与 Print 方法有关的函数(Tab,Spc,Space $)。

(3)格式输出(Format $)。

2.InputBox 函数。

3.MsgBox 函数和 MsgBox 语句。

4.字形。

5.打印机输出。

(1)直接输出。

(2)窗体输出。

五、常用标准控件

1.文本控件。

(1)标签。

(2)文本框。

2.图形控件。

(1)图片框、图像框的属性、事件和方法。

(2)图形文件的装入。

(3)直线和形状。

3.按钮控件。

4.选择控件：复选框和单选按钮。

5.选择控件：列表框和组合框。

6.滚动条。

7.计时器。

8.框架。

9.焦点和 Tab 顺序。

六、控制结构

1.选择结构。

(1)单行结构条件语句。

(2)块结构条件语句。

(3)IIF 函数。

2.多分支结构。

3.For 循环控制结构。

4.当循环控制结构。

5.Do 循环控制结构。

6.多重循环。

七、数组

1.数组的概念。

(1)数组的定义。

(2)静态数组和动态数组。

2.数组的基本操作。

(1)数组元素的输入、输出和复制。

(2)ForEach…Next 语句。

< 2 >

(3)数组的初始化。

3.控件数组。

八、过程

1.Sub 过程。

(1)Sub 过程的建立。

(2)调用 Sub 过程。

(3)调用过程和事件过程。

2.Funtion 过程。

(1)Funtion 过程的定义。

(2)调用 Funtion 过程。

3.参数传送。

(1)形参与实参。

(2)引用。

(3)传值。

(4)数组参数的传送。

4.可选参数和可变参数。

5.对象参数。

(1)窗体参数。

(2)控件参数。

九、菜单和对话框

1.用菜单编辑器建立菜单。

2.菜单项的控制。

(1)有效性控制。

(2)菜单项标记。

(3)键盘选择。

3.菜单项的增减。

4.弹出式对话框。

5.通用对话框。

6.文件对话框。

7.其他对话框(颜色、字体、打印对话框)。

十、多重窗体与环境应用

1.建立多重窗体应用程序。

2.多重窗体程序的执行与保存。

3.Visual Basic 工程结构。

(1)标准模块

(2)窗体模块。

(3)SubMain 过程。

4.闲置循环与 DoEvents 语句。

十一、键盘与鼠标事件过程

1.KeyPress 事件。

2.KeyDown 事件和 KeyUp 事件。

3.鼠标事件。

4.鼠标光标。

5.拖放。

十二、数据文件

1.文件的结构与分类。

2.文件操作语句和函数。

3. 顺序文件。

(1)顺序文件的写操作。

(2)顺序文件的读操作。

4. 随机文件。

(1)随机文件的打开与读写操作。

(2)随机文件中记录的增加与删除。

(3)用控件显示和修改随机文件。

5. 文件系统控件。

(1)驱动器列表框和目录列表框。

(2)文件列表框。

6. 文件基本操作。

考试方式

1. 笔试:90分钟,满分100分,其中含公共基础知识部分的30分。

2. 上机操作:90分钟,满分100分。

上机操作包括:

(1)基本操作题。

(2)简单应用题。

(3)综合应用题。

第2章 笔试考试试题

第1套 笔试考试试题

一、单选题

1. 三种基本结构中,能简化大量程序代码行的是( )。
   A. 顺序结构
   B. 分支结构
   C. 选择结构
   D. 重复结构

2. 下列关于栈的描述正确的是( )。
   A. 在栈中只能插入元素而不能删除元素
   B. 在栈中只能删除元素而不能插入元素
   C. 栈是特殊的线性表,只能在一端插入或删除元素
   D. 栈是特殊的线性表,只能在一端插入元素,而在另一端删除元素

3. 下列有关数据库的叙述,正确的是( )。
   A. 数据处理是将信息转化为数据的过程
   B. 数据的物理独立性是指当数据的逻辑结构改变时,数据的存储结构不变
   C. 关系中的每一列称为元组,一个元组就是一个字段
   D. 如果一个关系中的属性或属性组并非该关系的关键字,但它是另一个关系的关键字,则称其为本关系的外关键字

4. 概要设计中要完成的事情是( )。
   A. 系统结构和数据结构的设计
   B. 系统结构和过程的设计
   C. 过程和接口的设计
   D. 数据结构和过程的设计

5. 下面排序算法中,平均排序速度最快的是( )。
   A. 冒泡排序法
   B. 选择排序法
   C. 交换排序法
   D. 堆排序法

6. 两个或两个以上模块之间关联的紧密程度称为( )。
   A. 耦合度
   B. 内聚度
   C. 复杂度
   D. 数据传输特性

7. 下列描述中正确的是( )。
   A. 软件工程只是解决软件项目的管理问题
   B. 软件工程主要解决软件产品的生产率问题
   C. 软件工程的主要思想是强调在软件开发过程中需要应用工程化原则
   D. 软件工程只是解决软件开发中的技术问题

8. 关系模型允许定义3类数据约束,下列不属于数据约束的是( )。
   A. 实体完整性约束
   B. 参照完整性约束
   C. 属性完整性约束
   D. 用户自定义的完整性约束

9. 下列描述中正确的是( )。
   A. 程序就是软件
   B. 软件开发不受计算机系统的限制
   C. 软件既是逻辑实体,又是物理实体
   D. 软件是程序、数据与相关文档的集合

10. 用树型结构表示实体之间联系的模型是( )。
    A. 关系模型
    B. 网状模型
    C. 层次模型
    D. 以上三个都是

11. 在设计阶段, 当双击窗体上的某个控件时, 所打开的窗口是(　　)。

A. 工程资源管理器窗口　　　　　　　　B. 工具箱窗口

C. 代码窗口　　　　　　　　　　　　　D. 属性窗口

12. 下面的控件可作为其他控件容器的是(　　)。

A. PictureBox 和 Data　　　　　　　　B. Frame 和 Image

C. PictureBox 和 Frame　　　　　　　　D. Image 和 Data

13. 下列说法错误的是(　　)。

A. 窗体文件的扩展名为. frm

B. 一个窗体对应一个窗体文件

C. Visual Basic 中的一个工程只包含一个窗体

D. Visual Basic 中一个工程最多可以包含 255 个窗体

14. 要设置窗体为固定对话框, 并包含控制菜单栏和标题栏, 但没有最大化和最小化按钮, 设置的操作是(　　)。

A. 设置 BorderStyle 的值为 Fixed ToolWindow

B. 设置 BorderStyle 的值为 Sizable ToolWindow

C. 设置 BorderStyle 的值为 Fixed Dialog

D. 设置 BorderStyle 的值为 Sizable

15. 把窗体的 KeyPreview 属性设置为 True, 然后编写如下事件过程:

Private Sub Form_KeyPress(KeyAscii As Integer)

　Dim ch As String

　ch＝Chr(KeyAscii)

　KeyAscii＝Asc(UCase(ch))

　Print Chr(KeyAscii＋2)

End Sub

程序运行后, 按键盘上的"A"键, 则在窗体上显示的内容是(　　)。

A. A　　　　　　　　B. B　　　　　　　　C. C　　　　　　　　D. D

16. 如果在程序中要将 a 定义为静态变量, 且为整型数, 则应使用的语句是(　　)。

A. Redim a As Integer　　　　　　　　B. Static a As Integer

C. Public a As Integer　　　　　　　　D. Dim a As Integer

17. 用 InputBox 函数设计的对话框, 其功能是(　　)。

A. 只能接收用户输入的数据, 但不会返回任何信息

B. 能接收用户输入的数据, 并能返回用户输入的信息

C. 既能用于接收用户输入的信息, 又能用于输出信息

D. 专门用于输出信息

18. 假定有如下的 Sub 过程:

Sub S(x As Single, y As Single)

　t＝x

　x＝t/y

　y＝t Mod y

End Sub

在窗体上画一个命令按钮, 然后编写如下事件过程:

Private Sub Command1_Click ()

　Dim a As Single

　Dim b As Single

　a＝5

　b＝4

```
S(a,b)
Print a,b
End Sub
```
程序运行后,单击命令按钮,输出结果为(　　)。

A.5　4　　　　　　　　B.1　1　　　　　　　C.1.25　4　　　　　　D.1.25　1

19.设 a="Visual Basic",下面使 b="Basic"的语句是(　　)。

A. b=Left(a,8,12)　　　　　　　　　　　B. b=Mid(a,8,5)

C. b=Rigth(a,5,5)　　　　　　　　　　　D. b=Left(a,8,5)

20.在窗体上画一个名称为 Label1、标题为"Visual Basic 考试"的标签,两个名称分别为 Command1 和 Command2、标题分别为"开始"和"停止"的命令按钮,然后画一个名称为 Timer1 的计时器控件,并把其 Interval 属性设置为 500,如右图所示。编写如下程序:

```
Private Sub Form_Load()
    Timer1. Enabled=false
End Sub
Private Sub Command1_Click()
    Timer1. Enabled=True
End Sub
Private Sub Timer1_Timer()
    If Label1. Left<Width Then
        Label1. Left=label1. Left+20
    Else
        Label1. Left=0
    End If
End Sub
```
程序运行后单击"开始"按钮,标签在窗体中移动。

对于这个程序,以下叙述中错误的是(　　)。

A. 标签的移动方向为自右向左

B. 单击"停止"按钮后再单击"开始"按钮,标签从停止的位置继续移动

C. 当标签全部移出窗体后,将从窗体的另一端出现并重新移动

D. 标签按指定的时间间隔移动

21.当在滚动条内拖动滚动块时触发(　　)。

A. KeyUp 事件　　　　　　　　　　　　B. KeyPress 事件

C. Scroll 事件　　　　　　　　　　　　D. Change 事件

22.下面程序的输出结果是(　　)。
```
Private Sub Command1_Click()
    Ch$ ="ABCDEF"
    proc ch:Print ch
End Sub
Private Sub proc(ch As String)
    s=""
    For k=Len(ch)To 1 Step -1
        s=s&Mid(ch,k,1)
    Next k
    ch=s
End Sub
```

A. ABCDEF   B. FEDCBA   C. A   D. F

23.执行下列程序段后,输出的结果是(　　)。

```
For k1＝0 To 4
  y＝20
  For k2＝0 To 3
    y＝10
    For k3＝0 To 2
      y＝y＋10
    Next k3
  Next k2
Next k1
Print y
```

A.90   B.60   C.40   D.10

24.在窗体上画两个文本框(其 Name 属性分别为 Text1 和 Text2)和一个命令按钮(其 Name 属性为 Command1),然后编写如下事件过程:

```
Private Sub Command1_Click()
  x＝0
  Do While x＜50
    x＝(x＋2)＊(x＋3)
    n＝n＋1
  Loop
  Text1. Text＝Str(n)
  Text2. Text＝Str(x)
End Sub
```

程序运行后,单击命令按钮,在两个文本框中显示的值分别为(　　)。

A.1 和 0   B.2 和 72   C.3 和 50   D.4 和 168

25.用下面语句定义的数组的元素个数是(　　)。

Dim A (－3 To 5)As Integer

A. 6   B. 7   C. 8   D. 9

26.若在某窗体模块中有如下事件过程:

```
Private Sub Command1_Click(Index As Integer)
……
End Sub
```

则以下叙述中正确的是(　　)。

A.此事件过程与不带参数的事件过程没有区别

B.有一个名称为 Command1 的窗体,单击此窗体则执行此事件过程

C.有一个名称为 Command1 的控件数组,数组中有多个不同类型控件

D.有一个名称为 Command1 的控件数组,数组中有多个相同类型控件

27.下列程序段的执行结果为(　　)。

```
a＝1
b＝0
Select Case a
  Case 1
    Select Case b
      Case 0
```

```
        Print " * *0* *"
     Case 1
        Print " * *1* *"
     End Select
  Case 2
     Print " * *2* *"
End Select
```

A. * *0* *　　　　　B. * *1* *　　　　　C. * *2* *　　　　　D. 0

28. 设有数组定义语句:Dim a(5)As Integer,List1 为列表框控件。下列给数组元素赋值的语句错误的是(　　)。

A. a(3)＝3　　　　　　　　　　　　B. a(3)＝InputBox("input data")

C. a(3)＝List1. ListIndex　　　　　　D. a＝Array(1,2,3,4,5,6)

29. 在窗体上画一个名称为 Text1 的文本框和一个名称为 Command1 的命令按钮,然后编写如下事件过程:

```
Private Sub Command1_Click()
   Dim array1(10,10)As Integer
   Dim i,j As Integer
   For i＝1 To 3
     For j＝2 To 4
       array1(i,j)＝i＋j
     Next j
   Next i
     Text1. Text＝array1(2,3)＋array1(3,4)
End Sub
```

程序运行后,单击命令按钮,在文本框中显示的值是(　　)。

A. 12　　　　　　B. 13　　　　　　C. 14　　　　　　D. 15

30. 如果一个工程含有多个窗体及标准模块,则以下叙述中错误的是(　　)。

A. 任何时刻最多只有一个窗体是活动窗体

B. 不能把标准模块设置为启动模块

C. 用 Hide 方法只是隐藏一个窗体,不能从内存中清除该窗体

D. 如果工程中含有 Sub Main 过程,则程序一定首先执行该过程

31. 下列程序的执行结果为(　　)。

```
Private Sub Command1_Click()
   Dim x As Integer, y As Integer
   x＝12:y＝20
   Call Value(x, y)
   Print x; y
End Sub
Private Sub Value(ByVal m As Integer, ByVal n As Integer)
   m＝m * 2:n＝n－5
   Print m; n
End Sub
```

A. 20　12　　　　　B. 12　20　　　　　C. 24　15　　　　　D. 24　12

　　20　15　　　　　　　12　25　　　　　　　12　20　　　　　　　12　15

32. 在窗体上画一个通用对话框,其 Name 属性为 Cont,再画一个命令按钮,Name 属性为 Command1,然后编写如下事件过程:

```
Private Sub Command1_Click()
```

```
        Cont. FileName=""
        Cont. Flags=vbOFNFileMustExist
        Cont. Filter="All Files| * . * "
        Cont. FilterIndex=3
        Cont. DialogTitle="Open File"
        Cont. Action=1
        If Cont. FileName="" Then
            MsgBox "No file selected"
        Else
            Open Cont. FileName For Input As #1
            Do While Not EOF(1)
                Input #1, b$
                Print b$
            Loop
        End If
    End Sub
```

以下各选项,对上述事件过程描述错误的是(　　　　)。

A. 该事件过程用来建立一个 Open 对话框,可以在这个对话框中选择要打开的文件

B. 选择后单击"打开"按钮,所选择的文件名即作为对话框的 FileName 属性值

C. Open 对话框不仅用来选择一个文件,还可以打开、显示文件

D. 过程中的"Cont. Action=1"用来建立 Open 对话框,它与 Cont. ShowOpen 等价

33. 以下叙述中错误的是(　　　　)。

A. 在 KeyUp 和 KeyDown 事件过程中,从键盘上输入 A 或 a 被视做相同的字母(即具有相同的 KeyCode)

B. 在 KeyUp 和 KeyDown 事件过程中,将键盘上的"1"和右侧小键盘上的"1"视做不同的数字(具有不同的 KeyCode)

C. KeyPress 事件中不能识别键盘上某个键的按下与释放

D. KeyPress 事件中可以识别键盘上某个键的按下与释放

34. 建立一个新的标准模块,应该选择(　　　　)下的"添加模块"命令。

A."工程"菜单　　　　　　　　　　　　　　B."文件"菜单

C."工具"菜单　　　　　　　　　　　　　　D."编辑"菜单

35. 以下能判断是否到达文件尾的函数是(　　　　)。

A. BOF　　　　　　　　　　　　　　　　　B. LOC

C. LOF　　　　　　　　　　　　　　　　　D. EOF

二、填空题

1. 在面向对象方法中,类之间共享属性和操作的机制称为 _____ 。

2. 算法复杂度主要包括时间复杂度和 _____ 复杂度。

3. 数据的基本单位是 _____ 。

4. 在进行模块测试时,要为每个被测试的模块另外设计两类模块:驱动模块和承接模块(桩模块)。其中 _____ 的作用是将测试数据传送给被测试的模块,并显示被测试模块所产生的结果。

5. 数据库设计分为需求分析阶段、_____ 阶段、逻辑设计阶段、物理设计阶段、数据库实施阶段、数据库运行和维护阶段。

6. Visual Basic 对象可以分为两类,分别为 _____ 和 _____ 。

7. 在 Visual Basic 的立即窗口内输入以下语句:

X=65<CR>

? Chr$(X)<CR>

在窗口中显示的结果是 _____ 。

< 10 >

8.完成下面的程序,使显示结果如下图所示。

Private Sub Form_Click()

FontSize＝18

Sample＄＝" _____ "

　x＝(ScaleWidth－TextWidth(Sample＄))/2

　y＝(ScaleHeight－TextHeight(Sample＄))/2

_____

CurrentY＝y

_____ Sample＄

End Sub

9.在窗体上画一个名称为 Label 的标签和一个名称为 List1 的列表框。程序运行后,在列表框中添加若干列表项。当双击列表框中的某个项目时,在标签 Label1 中显示所选中的项目,如下图所示。请在_____ 和_____ 处填入适当的内容将程序补充完整。

Private Sub Form_load()

List1. AddItem"北京"

List1. AddItem"上海"

List1. AddItem"湖北"

End Sub

Private Sub _____ ()

Label1. Caption＝ _____

End Sub

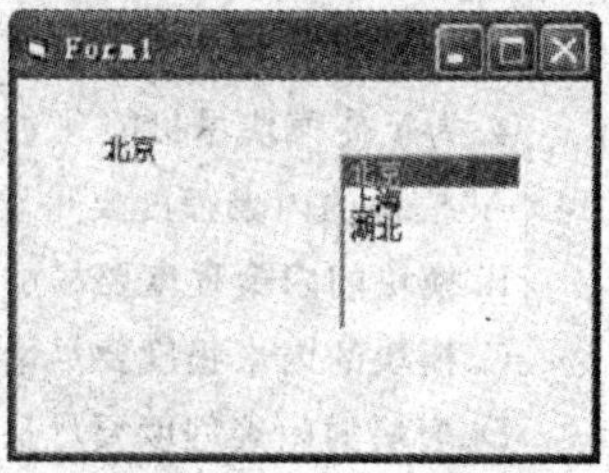

10.新建一个工程,内有两个窗体,窗体 Form1 上有一个命令按钮 Command1,单击该按钮,Form1 窗体消失,显示 Form2 窗体,程序如下:

Private Sub Command1_Click()

_____

　Form2. _____

End Sub

试补充完整。

第2套　笔试考试试题

一、单选题

1.下列选项中不符合良好程序设计风格的是(　　)。
A.源程序要文档化
B.数据说明的次序要规范化
C.避免滥用 goto 语句
D.模块设计要保证高耦合、高内聚

2.下列叙述中正确的是(　　)。
A.软件测试应该由程序开发者来完成
B.程序经调试后一般不需要再测试
C.软件维护只包括对程序代码的维护
D.以上三种说法都不对

3.对于长度为 n 的线性表,在最坏情况下,下列各排序法所对应的比较次数中正确的是(　　)。
A.冒泡排序 $n/2$
B.冒泡排序为 n
C.快速排序为 n
D.快速排序为 $n(n-1)/2$

4.为了使模块尽可能独立,要求(　　)。
A.模块的内聚程度要尽量高,且各模块间的耦合程度要尽量强
B.模块的内聚程度要尽量高,且各模块间的耦合程度要尽量弱
C.模块的内聚程度要尽量低,且各模块间的耦合程度要尽量弱
D.模块的内聚程度要尽量低,且各模块间的耦合程度要尽量强

5.在软件设计中,不属于过程设计工具的是(　　)。
A.PDL(过程设计语言)　　　B.PAD 图　　　C.N—S 图　　　D.DFD 图

6.设有如下三个关系表:

R			S			T		
A			B	C		A	B	C
m			1	3		m	1	3
n						n	1	3

下列操作中正确的是(　　)。
A.T=R∩S
B.T=R∪S
C.T=R×S
D.T=R/S

7.将 E—R 图转换到关系模式时,实体与联系都可以表示成(　　)。
A.属性
B.关系
C.键
D.域

8.设有两个串 p 和 q,求 q 在 p 中首次出现位置的运算称为(　　)。
A.连接
B.模式匹配
C.求子串
D.求串长

9.实体是信息世界中广泛使用的一个术语,它用于表示(　　)。
A.有生命的事物
B.无生命的事物
C.实际存在的事物
D.一切事物

10.数据库系统的核心是(　　)。
A.数据模型
B.数据库管理系统
C.数据库
D.数据库管理员

11.刚建立一个新的标准 EXE 工程后,不在工具箱中出现的控件是(　　)。
A.单选按钮
B.图片框
C.通用对话框
D.文本框

12.有关程序代码窗口的说法错误的是(　　)。
A.在窗口的垂直滚动条的上面,有一个"拆分栏",利用它可以把窗口分为两个部分,每个窗口显示代码的一部分
B.双击控件设计窗体即可打开程序代码窗口

C. 在程序代码的左下角有两个按钮,可以选择全模块查看或者是过程查看

D. 默认情况下,窗体的事件是 Load

13. 以下叙述中正确的是( )。

A. 窗体的 Name 属性指定窗体的名称,用来标识一个窗体

B. 窗体的 Name 属性的值是显示在窗体标题栏中的文本

C. 可以在运行期间改变对象的 Name 属性的值

D. 对象的 Name 属性值可以为空

14. 下列符号常量的声明中,不合法的是( )。

A. Const a As Single＝1. 1   B. Const a＝"OK"

C. Const a As Double＝Sin(1)   D. Const a As Integer＝"12"

15. 下列说法错误的是( )。

A. 方法是对象的一部分   B. 在调用方法时,对象名是不可缺少的

C. 方法是一种特殊的过程和函数   D. 方法的调用格式和对象属性的使用格式相同

16. 执行以下程序段后,变量 c$ 的值为( )。

a$ ＝"Visual Basic Programing"

b$ ＝"Quick"

c$ ＝b$ & UCase(Mid$ (a$,7,6))& Right $ (a$,11)

A. Visual BASIC Programing   B. Quick Basic Programing

C. QUICK Basic Programing   D. Quick BASIC Programing

17. 以下关于 MsgBox 的叙述中,错误的是( )。

A. MsgBox 函数返回一个整数

B. 通过 MsgBox 函数可以设置信息框中图标和按钮的类型

C. MsgBox 语句没有返回值

D. MsgBox 函数的第二个参数是一个整数,该参数只能确定对话框中显示的按钮数量

18. 假定窗体上有一个标签,名为 Label1,为了使该标签透明并且没有边框,则正确的属性设置为( )。

A. Label1. BackStyle＝0   B. Label1. BackStyle＝1
   Label1. BorderStyle＝0   Label1. BorderStyle＝1

C. Label1. BackStyle＝True   D. Label1. BackStyle＝False
   Label1. BorderStyle＝True   Label1. BorderStyle＝False

19. 设在菜单编辑器中定义了一个菜单项,名为 Menu1。为了在运行时隐藏该菜单项,应使用的语句是( )。

A. Menu1. Enabled＝True   B. Menu1. Enabled＝False

C. Menu1. Visible＝True   D. Menu1. Visible＝False

20. 在窗体上画一个名称为 Label1 的标签,然后编写如下事件过程:

```
Private Sub Form_Click()
    Dim arr(10,10)As Integer
    Dim i As Integer, j As Integer
    For i＝2 To 4
        For j＝2 To 4
            arr(i,j)＝j＊j
        Next j
    Next i
    Label1. Caption＝Str(arr(2,2)＋arr(3,3))
End Sub
```

程序运行后,单击窗体,在标签中显示的内容是( )。

A. 12   B. 13   C. 14   D. 15

21. 为了使命令按钮(名称为 Command1)右移 200,应使用的语句是( )。

A. Command1. Move－200

B. Command1. Move 200

C. Command1. Left＝Command1. Left＋200

D. Command1. Left＝Command1. Left－200

22. 下列各种形式的循环中,输出"＊"的个数最少的循环是( )。

A. a＝5;b＝8

 Do

  Print " ＊ "

  a＝a＋1

 Loop While a＜b

B. a＝5;b＝8

 Do

  Print " ＊ "

  a＝a＋1

 Loop Until a＜b

C. a＝5;b＝8

 Do Until a－b

  Print " ＊ "

  b＝b＋1

 Loop

D. a＝5;b＝8

 Do Until a＞b

  Print " ＊ "

  a＝a＋1

 Loop

23. 要将名为 MyForm 的窗体显示出来,正确的使用方法是( )。

A. MyForm. Show

B. Show. MyForm

C. MyForm Load

D. MyForm Show

24. 在窗体上画一个命令按钮,然后编写如下事件过程:

```
Private Sub Command1_Click()
    x＝0
    Do Until x＝－1
        a＝InputBox("请输入 A 的值")
        a＝Val(a)
        b＝InputBox("请输入 B 的值")
        b＝Val(b)
        x＝InputBox("请输入 x 的值")
        x＝Val(x)
        a＝a＋b＋x
    Loop
    Print a
End Sub
```

程序运行后,单击命令按钮,依次在输入对话框中输入 5、4、3、2、1、－1,则输出结果为( )。

A. 2　　　　　　B. 3　　　　　　C. 14　　　　　　D. 15

25. 以下能够触发文本框 Change 事件的操作是( )。

A. 文本框失去焦点

B. 文本框获得焦点

C. 设置文本框的焦点

D. 改变文本框的内容

26. 设已经在"菜单编辑器"中设计了窗体的快捷菜单,其顶级菜单为 Bs,取消其"可见"属性,运行时,在以下事件过程中,可以使快捷菜单响应鼠标右键的是( )。

A. Private Sub Form_MouseDown(Button As Integer, Shift As Integer, X As Single, Y As Single)

 If Button＝2 Then PopupMenu Bs, 2

 End Sub

B. Private Sub Form_MouseDown(Button As Integer, Shift As Integer, X As Single, Y As Single)

 PopupMenu Bs

 End Sub

C. Private Sub Form_MouseDown(Button As Integer, Shift As Integer, X As Single, Y As Single)

```
    PopupMenu Bs,0
  End Sub
D. Private Sub Form_MouseDown(Button As Integer,Shift As Integer,X As Single,Y As Single)
    If (Button=vbLeftButton)Or (Button=vbRightButton)Then PopupMenu Bs
  End Sub
```

27. 以下程序段的输出结果为(   )。

```
Dim a(10),p(3)
k=5
For i=0 To 10
  a(i)=i
Next i
For i=0 To 2
  p(i)=a(i+(i+1))
Next i
For i=0 To 2
  k=k+p(i)+2
Next i
Print k
```

A. 20   B. 21   C. 56   D. 32

28. 以下可以作为 Visual Basic 变量名的是(   )。

A. A≠A   B. counstA   C. 3A   D. ? AA

29. 下列程序的执行结果为(   )。

```
Private Sub Command1_Click()
  Dim p As Integer,q As Integer
  p=12:q=20
  Call Value(p,q)
  Print p;q
End Sub
Private Sub Value(ByVal m As Integer,ByVal n As Integer)
  m=m * 2:n=n-5
  Print m;n
End Sub
```

A. 20   12   B. 12   20   C. 24   15   D. 24   12

  20   15   12   25   12   20   12   15

30. 在菜单编辑器中建立一个名称为 Menu0 的菜单项,将其"可见"属性设置为 False,并建立其若干子菜单,然后编写如下过程:

```
Private Sub Form_MouseDown(Button As Integer,Shift As Integer,X As Single,Y As Single)
  If Button=1 Then
    PopupMenu Menu0
  End If
End Sub
```

则以下叙述中错误的是(   )。

A. 该过程的作用是弹出一个菜单

B. 单击鼠标右键时弹出菜单

C. Menu0 是在菜单编辑器中定义的弹出菜单的名称

D. 参数 *X*、*Y* 指明鼠标当前位置的坐标

31. 假定有下表所列的菜单结构：

标题	名称	层次
显示	appear	1（主菜单）
大图标	bigicon	2（子菜单）
小图标	smallicon	2（子菜单）

要求程序运行后，如果单击菜单项"大图标"，则在该菜单项前添加一个"√"。以下正确的事件过程是（　　）。

A. Private Sub bigicon_Click()
    bigicon. Checked＝False
End Sub

B. Private Sub bigicon_Click()
    Me. appear. bigicon. Checked＝True
End Sub

C. Private Sub bigicon_Click()
    bigicon. Checked＝True
End Sub

D. Private Sub bigicon_Click()
    appear. bigicon. Checked＝True
End Sub

32. 在用通用对话框控件建立"保存"文件对话框时，如果需要指定文件列表框所列出的文件类型是文本文件（即. txt 文件），则正确的描述格式是（　　）。

A. "text (. txt)|(＊. txt)"

B. "文本文件(. txt)|(. txt)"

C. "text(. txt)||(＊. txt)"

D. "text(. txt)(＊. txt)"

33. 编写如下两个事件过程：

Private Sub Form_KeyDown (KeyCode As Integer, Shift As Integer)
    Print Chr(KeyCode)
End Sub

Private Sub Form_KeyPress(KeyAscii As Integer)
    Print Chr(KeyAscii)
End Sub

在一般情况下（即不按住 Shift 键也未锁定大写键时）运行程序，如果按键盘上的"A"键，则程序输出的结果是（　　）。

A. A
  a

B. a
  A

C. A
  A

D. a
  a

34. 要获得当前驱动器，应使用驱动器列表框的属性是（　　）。

A. Path

B. Drive

C. Dir

D. Pattern

35. 假定在工程文件中有一个标准模块，其中定义了如下记录类型：

Type Books
    Name As String * 10
    TelNum As String * 20
End Type

要求在执行事件过程 Command1_Click 时，在顺序文件 Person. txt 中写入一条记录。下列能够完成该操作的事件过程是（　　）。

A. Private Sub Command1_Click()
    Dint B As Books
    Open"c:\Person. txt"For Output As ＃1
    B. Name＝InputBox("输入姓名")
    B. TelNum＝InputBox("输入电话号码")
    Write ＃1,B. Name,B. TelNum
    Close ＃1
End Sub

B. Private Sub Command1_Click()
    Dim B As Books
    Open "c:\Person. txt"For Input As＃1
    B. Name＝InputBox("输入姓名")
    B. TelNum＝InputBox("输入电话号码")
    Print ＃1,B. Name,B. TelNum
    Close ＃1
End Sub

```
C. Private Sub Command1_Click()
      Dim B As Books
      Open "c:\Person.txt"For Output As #1
      Name=InputBox("输入姓名")
      TelNom=InputBox("输入电话号码")
      Write #1,B
      Close #1
   End Sub
```

```
D. Private Sub Command1_Click()
      Dim B As Book
      Open "c:\Person.txt"For Input As #1
      Name=InputBox("输入姓名")
      TelNum-InputBox("输入电话号码")
      Print #1,B.Name.B.TelNum
      Close #1
   End Sub
```

二、填空题

1. 在面向对象方法中，_____描述的是具有相似属性与操作的一组对象。

2. 数据模型分为格式化模型与非格式化模型，层次模型与网状模型属于_____。

3. 顺序存储方法是把逻辑上相邻的结点存储在物理位置_____的存储单元中。

4. 通常，将软件产品从提出、实现、使用维护到停止使用退役的过程称为_____。

5. 数据管理技术发展过程经过人工管理、文件系统和数据库系统3个阶段，其中数据独立性最高的是_____阶段。

6. 当对象得到焦点时，会触发_____事件，当对象失去焦点时将触发_____事件。

7. 下面程序的作用是利用随机函数产生10个100～300(不包含300)之间的随机整数，打印其中是7的倍数的数，并求它们的总和。请填空。

```
Sub TOF()
    Randomize
    Dim s As Double
    Dim a(10)As Integer
    For i=0 To 9

        _____
    Next
    For i=0 To 9
      If _____ Then
         Print a(i)
         s=s+a(i)

         _____
      Next i
    Print
    Print "S=" ; s
End Sub
```

8. 执行下面的程序段后，s 的值为_____。

```
s=5
For i=2.6 To 4.9 Step 0.6
    s=s+1
Next i
```

9. 在窗体上画一个文本框，名称为 Text1，然后编写如下程序：

```
Private Sub Form_Load()
    Open"d:\temp\dat.txt"For Output As#1
    Text1.Text=""
End Sub
Private Sub Text1_KeyPress(KeyAscii As Integer)
    If _____=13 Then
```

```
        If UCase(Text1. Text)=_____ Then
            Close 1
            End
        Else
            Write #1,_____
            Text1. Text=""
        End If
    End If
End Sub
```

以上程序的功能是,在 D 盘 temp 目录下建立一个名为 dat. txt 的文件,在文本框中输入字符,每次按回车键(回车符的 ASCII 码是 13)都把当前文本框中的内容写入文件 dat. txt,并清除文本框中的内容;如果输入"END",则结束程序。请填空。

10. 在菜单编辑器中建立了一个菜单,名为 pmenu,用下面的语句可以把它作为弹出式菜单弹出,请填空。

Form1._____pmenu

< 18 >

第3套 笔试考试试题

一、单选题

1.设计程序时,应采纳的原则之一是( )。

A.程序的结构应有助于读者的理解

B.限制 GOTO 语句的使用

C.减少或取消注释行

D.程序越短越好

2.需求分析阶段的任务是( )。

A.软件开发方法

B.软件开发工具

C.软件开发费用

D.软件系统功能

3.结构化分析方法是面向( )的自顶向下,逐步求精进行需求分析的方法。

A.对象

B.数据结构

C.数据流

D.目标

4.已知一个有序线性表为(13,18,24,35,47,50,62,83,90,115,134),当用二分法查找值为 90 的元素时,查找成功的比较次数为( )。

A.1

B.2

C.3

D.9

5.下列对于软件测试的描述正确的是( )。

A.软件测试的目的是证明程序是否正确

B.软件测试的目的是使程序运行结果正确

C.软件测试的目的是尽可能地多发现程序中的错误

D.软件测试的目的是使程序符合结构化原则

6.下列选项中,不是一个算法的基本特征的是( )。

A.完整性

B.可行性

C.有穷性

D.拥有足够的情报

7.下列叙述中正确的是( )。

A.线性链表的各元素在存储空间中的位置必须是连续的

B.线性链表的头元素一定存储在其他元素的前面

C.线性链表中的各元素在存储空间中的位置不一定是连续的,但表头元素一定存储在其他元素的前面

D.线性链表中的各元素在存储空间中的位置不一定是连续的,且各元素的存储顺序也是任意的

8.有下列二叉树,对此二叉树中序遍历的结果是( )。

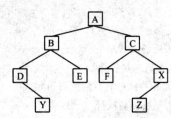

A.BDYEACFXZ
B.DYBEAFCZX
C.ABCDEFXYZ
D.ABDYECFXZ

9.最简单的交换排序方法是( )。

A.快速排序

B.选择排序

C.堆排序

D.冒泡排序

10.数据库 DB、数据库系统 DBS、数据库管理系统 DBMS 之间的关系是( )。

A.DB 包括 DBS 和 DBMS

B.DBMS 包括 DB 和 DBS

C.DBS 包括 DB 和 DBMS

D.没有任何关系

< 19 >

11.算法的空间复杂度是指(　　)。

A.算法程序的长度　　　　　　　　　　　B.算法程序中的指令条数

C.算法程序所占的存储空间　　　　　　　D.算法执行过程中所需要的存储空间

12.表达式 Val(".123E2")的值是(　　)。

A.123　　　　　　　　　　　　　　　　B.12.3

C.0　　　　　　　　　　　　　　　　　D.123e2CD

13.执行语句 Print"sgn(−34)=";sgn(−34)后,其输出结果是(　　)。

A.Sgn(−34)=34　　　　　　　　　　　B.Sgn(−34)=−34

C.Sgn(−34)=+1　　　　　　　　　　　D.Sgn(−34)=−1

14.程序运行时,用户向文本框输入内容时,将触发文本框的(　　)事件。

A.Click　　　　　　　　　　　　　　　B.DblClick

C.GotFocus　　　　　　　　　　　　　D.Change

15.要使一个文本框具有水平和垂直滚动条,则应先将其 MultiLine 属性设置为 True,然后再将 ScrollBars 属性设置为(　　)。

A.0　　　　　　　　　　　　　　　　　B.1

C.2　　　　　　　　　　　　　　　　　D.3

16.下列关于 For…Next 语句的说法正确的是(　　)。

A.循环变量、初值、终值和步长都必须为数值型　　B.Step 后的步长只为正数

C.初值必须小于终值　　　　　　　　　　　　　　D.初值必须大于终值

17.可以通过(　　)的方法来输出一个二维数组中的各个元素。

A.引用数组的两个下标　　　　　　　　　B.将数组名赋值给变量

C.通过引用数组的一个下标　　　　　　　D.以上都不正确

18.下列程序的执行结果是(　　)。

```
Function P(N As Integer)
    For i=1 To N
        Sum=Sum+i
Next i
P=Sum
End Function
Private Sub Commandl Click()
    S=P(1)+P(2)+P(3)+P(4)
    Print S:
End Sub
```

A.15　　　　　　　B.16　　　　　　　C.20　　　　　　　D.25

19.关于多行结构条件语句的执行过程,正确的说法是(　　)。

A.各个条件所对应的语句块中,一定有一个语句块被执行

B.找到条件为 True 的第一个入口,便从此开始执行其后的所有语句块

C.若有多个条件为 True,则它们对应的语句块都被执行

D.多行选择结构中的语句块,有可能任何一个语句块都不被执行

20.下列关于图片框控件的语句中不正确的是(　　)。

A.Picture 1.Picture=Picture2.Picture

B.Picturel.Picture=LoadPicture("C:\vb60\Arw04Up.ico")

C.Picture 1.Print Tab(20);CurrentX.CurrentY

D.Picture 1.Stretch=True

21. 在窗体上有一个命令按钮 Command1,编写下列程序:

```
Private Sub Command1_Click()
    Print ppl(3,7)
End Sub
Public Function ppl(x As Single,n As Integer)As Single
    If  n=0Then
        ppl=1
    Else
    If  n Mod 2=1 Then
    ppl=x * x+n
    Else
        ppl=x * x-n
        End  If
    End  If
End Function
```

程序运行后,单击该命令按钮,屏幕上显示的是(   )。

A. 2   B. 1   C. 0   D. 16

22. 窗体上有一个命令按钮 Command1 和一个列表框 List1。先选择列表框中的某一个项目,然后单击命令按钮,将该项目从列表框中删除。程序如下:

```
Privat Sub Command1_Click()
    Dim In As Intger
    In=_____
    List. Remove In
End Sub
```

则在程序的空白处的语句是(   )。

A. List1. Index   B. List1. ListIndex

C. List1. Text   D. List1. ListCount

23. 某人在窗体上画一个名称为 Timer1 的计时器和一个名称为 Label1 的标签,计时器的属性设置为 Enabled=True, Interval=,对应代码如下。希望在程序运行时,可以每2秒在标签上显示一次系统当前时间。

```
Private Sub Timer1_Timer()
    Label1. Caption=Time $
End Sub
```

在程序执行时发现未能实现上述目的,那么应做的修改是(   )。

A. 通过属性窗口把计时器的 Interval 属性设置为 2000

B. 通过属性窗口把计时器的 Enabled 属性设置为 False

C. 把事件过程中的 Label1. Caption=Time $ 语句改为 Timer1. Interval=Time $

D. 把事件过程中的 Label1. Caption=Time $ 语句改为 Label1. Caption=Timer1. Time

24. 在窗体上画两个单选按钮,名称分别为 Option1 和 Option2,标题分别为"黑体"和"楷体";一个复选框,名称为 Check1,标题为"粗体"。要求程序运行时,"黑体"单选按钮和"粗体"复选框被选中,则能够实现上述要求的语句序列是(   )。

A. Option1. Value=True   B. Option1. Value=True
　Check1. Value=False   　Check1. Value=Tme

C. Option2. Value=False   D. Option1. Value=True
　Check1 Value=True   　Check1 Value=1

25. InputBox 函数可以产生输入对话框。执行下列语句：

st $ ＝InputBox("请输入字符串","字符串")

运行程序,用户输入完毕并单击"确定"按钮后,st $ 变量内容为(　　　)。

A. 字符串　　　　　　　　　　　　　　　B. 请输入字符串

C. 字符串对话框　　　　　　　　　　　　D. 用户输入内容

26. 窗体上有名称为 Text1、Text2 的两个文本框,和一个由 3 个单选按钮构成的控件数组 Option1,如图 1 所示。程序运行后,如果单击某个单选按钮,则执行 Text1 中数值与该单选按钮所对应的运算(乘 1、乘 10 或乘 100),并将结果显示在 Text2 中,如图 2 所示。为了实现上述功能,在程序中的横线处应填入的内容是(　　　)。

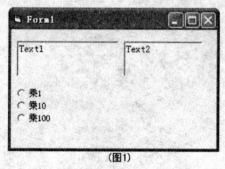
（图1）

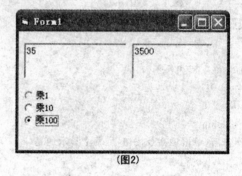
（图2）

```
Private Sub Option1 Click(Index As Integer)
    If Text1. Text<  >"" Then
        Select Case _____
        Case 0
            Text2. Text=Text1. Text
        Case 1
            Text2. Text=Text1. Text * 10
        Case 2
            Text2. Text=Text1. Text * 100
        End Select
    End If
End Sub
```

A. Option1. Index　　　　　　　　　　　　B. Index

C. Option1(Index)　　　　　　　　　　　D. Option1(Index). Value

27. 下列关于多重窗体程序的叙述中,错误的是(　　　)。

A. 用 Hide 方法不但可以隐藏窗体,而且能清除内存中的窗体

B. 在多重窗体程序中,各窗体的菜单是彼此独立的

C. 在多重窗体程序中,可以根据需要指定启动窗体

D. 对于多重窗体程序,需要单独保存每个窗体

28. 在窗体上放置一个命令按钮 Command1,并编写下列单击事件的程序：

```
Option Base 1
Private Sub Command1_Click()
Dim c As Integer,d As Integer
    d＝0
    c＝6
    X＝Array(2,4,6,8,10,12)
    For i＝1 To 6
        If  X(i)＞c Then
            d＝d＋X(i)
            c＝X(i)
```

```
        Else
              d=d. c
        End   If
    Next   i
    Print   d
End   Sub
```

程序运行后,单击命令按钮,则在窗体上输出的结果是( )。

A. 10　　　　　　　　B. 12　　　　　　　　C. 16　　　　　　　　D. 20

29.下列关于菜单的说法错误的是( )。

A. 每个菜单项都是一个控件,与其他控件一样也有其属性和事件

B. 除了 Click 事件之外,菜单项不可以响应其他事件

C.菜单项的索引号可以不连续

D. 菜单项的索引号必须从 1 开始

30.下列说法不正确的是( )。

A. 滚动条的重要事件是 Change 和 Scroll

B. 框架的主要作用是将控件进行分组,以完成各自相对独立的功能

C. 组合框是组合了文本框和列表框的特性而形成的一种控件

D. 计时器控件可以通过对 Visible 属性的设置,在程序运行期间显示在窗体上

31.要使某菜单能够通过按住键盘上的＜Alt＞键及＜K＞键打开,应( )。

A. 在"名称"栏中"K"字符前加上"&"符号　　　　B. 在"标题"栏中"K"字符后加上"&"符号

C. 在"标题"栏中"K"字符前加上"&"符号　　　　D. 在"名称"栏中"K"字符后加上"&"符号

32. Sub 过程与 Function 过程最根本的区别是( )。

A. Sub 过程可以使用 Call 语句或直接使用过程名调用,而 Function 过程不可以

B. Function 过程可以有参数,Sub 过程不能有参数

C.两种过程参数的传递方式不同

D. Sub 过程的过程名不能有返回值,而 Function 过程能通过过程名返回值

33.下列程序的功能是调用字体对话框来设置文本框中的字体,单击 Command1 按钮弹出对话框,进行相应的字体、字号等设置,然后单击"确定"按钮退出对话框,则将发生哪些变化( )。

```
Private Sub Command1_Click()
    CommonDialog1. CancelError=True
    CommonDialog1. Flags=3
On Error Resume Next
    CommonDialog1. ShowFont
    Text1. Font. Name=CommonDialog1. FontName
    Text1. Font. Size=CommonDialog1. FontSize
    Text1. Font. Bold=CommonDialog1. FontBold
    Text1. Font. Italic=CommonDialog1. FontItalic
    Text1. Font. Underline=CommonDialog1. FontUnderline
    Text1. FontStrikethru=CommonDialog1. FontStrikethru
    Text1. ForeColor;CommonDialog1. Color
End Sub
```

A. Text1 的字体不发生变化　　　　　　　　B. Text1 的字体发生变化

C. Text1 的字体和颜色发生变化　　　　　　D. 程序出错

34.按文件的访问方式不同,可以将文件分为( )。

A.顺序文件、随机文件　　　　　　　　　　B. 文本文件和数据文件

C.数据文件和可执行文件　　　　　　　　　D. ASCII 文件和二进制文件

35.如果准备读文件,打开随机文件"text.dat"的正确语句是(　　)。

A. Open"text.dat"For Write As♯1　　　　　　B. Open"text.dat"For Binary As♯1

C. Open"text.dat"For Input As♯1　　　　　　D. Open"text.dat"For Random As♯1

二、填空题

1.在结构化设计方法中,数据流图表达了问题中的数据流与加工间的关系,且每一个_____实际上对应一个处理模块。

2.数据库的逻辑模型设计阶段的任务是将_____转换成关系模式。

3.在面向对象程序设计中,从外面只能看到对象的外部特征,而无须知道数据的具体结构以及实现操作的算法,这称为对象的_____。

4.软件生命周期分为软件定义期、软件开发期和软件维护期,详细设计属于_____中的一个阶段。

5.树中度为零的结点称为_____。

6.Define a 定义的变量 a 是_____类型的变量。

7.设 A=2,B=−2,则表达式 A/2+1>B+5 Or B*(−2)=6 的值是_____。

8.组合框有 3 种不同的类型,这 3 种类型是下拉式列表框、简单组合框和下拉式组合框,分别通过把 Style 属性设置为_____来实现。

9.下列程序弹出对话框中按钮的个数为_____。

MsgBox"确认!",vbAbortRetryIgnore+vbMsgBoxHelpButton+vbQuestion,"提示"

10.在程序的每个空白处填写一条适当的语句,使程序完成相应的操作。程序实现的功能是:窗体上有文本框 Text1 和若干复选框,其中复选框 Check1 用于设置本框 Text1 显示的文本是否加下画线。Check1 的单击事件过程如下:

```
Private Sub Check1_Click()
    If _____ Then
        Text1.FontUnderline=True
    ElesIf _____ Then
        Text1.FontUndrline=False
    End If
End Sub
```

11.设有下列程序,查找并输出该数组中的最小值,请在空白处填上合适的代码,将程序补充完整。

```
Option Base 1
Private Sub Command1Click()
Dim arrl
Dim Min As Integer,i As Integer
    arrl=Array(12,435,76,−24,78,54,866,43)
    Min=arrl(1)
    For i=2 To 8
        If arrl(i)<Min Then _____
Nexti
Print "最小值是:";Min
End Sub
```

12.建立一个通信录的随机文件 phonBook.txt,内容包括姓名、电话、地址和邮编,用文本框输入数据。单击"添加主记录"按钮 Command1 时,将文本框数据写入文件,单击"显示"按钮 Command2 时,将文件中所有记录的内容显示在立即窗口。

```
Private Type PerData
    Name1 As String
    Phon As String * 11
    Address As String * 10
    PostCd As String * 6
End Type
    _____'定义 PerData 类型的变量 xData'
```

< 24 >

```
Privat Sub Form_Load()
    Open "C:\phonBook. txt"For Random As1
End Sub
Private Sub Command1_Click()
    xData. Name1＝Text1. Text
    xData. Phon＝Text2. Text
    _____＝Text3. Text
    xData. PostCd＝Text4. Text
    Put♯1,1,xData
    Text1. Text＝"":Text2. Text＝""
    Text1. 3Text＝"":Text4. Text＝""
End Sub
Private Sub Command2_Click()
    reno＝LOF(1)/Len(xData)
i＝1
DO While i＜＝reno
    Get♯1,i,xData
    Debug. Print xData. Name1,_____,xData. Address,xData. PostCd
    i＝i+1
LooP
End Sub
```

第 4 套　笔试考试试题

一、单选题

1. 软件是指（　　）。

A. 程序　　　　　　　　　　　　　　　B. 程序和文档

C. 算法加数据结构　　　　　　　　　　D. 程序、数据与相关文档的完整集合

2. 软件调试的目的是（　　）。

A. 发现错误　　　　　　　　　　　　　B. 改正错误

C. 改善软件的性能　　　　　　　　　　D. 验证软件的正确性

3. 在面向对象方法中,实现信息隐蔽是依靠（　　）。

A. 对象的继承　　　　　　　　　　　　B. 对象的多态

C. 对象的封装　　　　　　　　　　　　D. 对象的分类

4. 下列叙述中,不符合良好程序设计风格要求的是（　　）。

A. 程序的效率第一,清晰第二　　　　　B. 程序的可读性好

C. 程序中要有必要的注释　　　　　　　D. 输入数据前要有提示信息

5. 下列叙述中正确的是（　　）。

A. 程序执行的效率与数据的存储结构密切相关　　B. 程序执行的效率只取决于程序的控制结构

C. 程序执行的效率只取决于所处理的数据量　　　D. 以上三种说法都不对

6. 下列叙述中正确的是（　　）。

A. 数据的逻辑结构与存储结构必定是一一对应的

B. 由于计算机存储空间是矢量式的存储结构,因此,数据的存储结构一定是线性结构

C. 程序设计语言中的数组一般是顺序存储结构,因此,利用数组只能处理线性结构

D. 以上三种说法都不对

7. 冒泡排序在最坏情况下的比较次数是（　　）。

A. $n(n+1)/2$　　　　　　　　　　　　B. $n\log 2^n$

C. $n(n-1)/2$　　　　　　　　　　　　D. $n/2$

8. 一棵二叉树中共有 70 个叶子结点与 80 个度为 1 的结点,则该二叉树中的总结点数为（　　）。

A. 219　　　　　　　　　　　　　　　　B. 221

C. 229　　　　　　　　　　　　　　　　D. 231

9. 下列叙述中正确的是（　　）。

A. 数据库系统是一个独立的系统,不需要操作系统的支持

B. 数据库技术的根本目标是要解决数据的共享问题

C. 数据库管理系统就是数据库系统

D. 以上三种说法都不对

10. 下列叙述中正确的是（　　）。

A. 为了建立一个关系,首先要构造数据的逻辑关系

B. 表示关系的二维表中各元组的每一个分量还可以分成若干数据项

C. 一个关系的属性表称为关系模式

D. 一个关系可以包括多个二维表

11. 要使一个文本框可以显示多行文本,应设置为 True 的属性是（　　）。

A. Enabled　　　　　　　　　　　　　　B. MultiLine

C. MasLenfth　　　　　　　　　　　　　D. Width

12. 在窗体上有一个名为 Text1 的文本框,当光标在文本框中时,如果按下字母键"A",则被调用的事件过程是(　　)。
A. Form_KeyPress()　　　　　　　　　　B. Text1_LostFocus()
C. Text1_Click()　　　　　　　　　　　 D. Test1_Change()

13. 设在窗体上有一个名称为 Command1 的命令按钮和一个名称为 Text1 的文本框。要求单击 Command1 按钮时可把光标移到文本框中。下面正确的事件过程是(　　)。
A. Private Sub Command1_Click()
　　Text1. GotFocus
　　End Sub
B. Private Sub
　　Command1. GotFocus
　　End Sub
C. Private Sub Command1_Click()
　　Text1. SetFocus
　　End Sub
D. Private Sub
　　Command1. SetFocus
　　End Sub

14. 执行以下程序后输出的是(　　)。
Private Sub Command1_Click()
　Ch $ = "AABCDEFGH"
　Print Mid(Right(ch $,6),Len(left(ch $,4)),2)
End Sub
A. CDEFGH　　　　B. ABCD　　　　C. FG　　　　D. AB

15. 设在窗体 Form1 上有一个列表框 List1,其中有若干个项目。要求单击列表框中的某一项时,把该项显示在窗体上,正确的事件过程是(　　)。
A. Private Sub List1_Click()
　　Print List1. Text
　　End Sub
B. Private Sub Form1_Click()
　　Print List1. Text
　　End Sub
C. Private Sub List1_Click()
　　Print Form1. Text
　　End Sub
D. Private Sub Form1_Click()
　　List1. Print List1. Text
　　End Sub

16. 若窗体上的图片框中有一个命令按钮,则此按钮的 Left 属性是指(　　)。
A. 按钮左端到窗体左端的距离
B. 按钮左端到图片框左端的距离
C. 按钮中心点到窗体左端的距离
D. 按钮中心点到图片框左端的距离

17. 为使程序运行时通用对话框 CD1 上显示的标题为"对话框窗口",若通过程序设置该标题,则应使用的语句是(　　)。
A. CD1. DialogTitle="对话框窗口"　　　B. CD1. Action="对话框窗口"
C. CD1. FileName="对话框窗口"　　　　D. CD1. Filter="对话框窗口"

18. 在窗体上有如右图所示的控件,各控件的名称与其标题相同,并有如下程序:
Private Sub Form_Load()
　Command2. Enabled=False
　Check1. Value=1
End Sub
刚运行程序时,看到的窗体外观是(　　)。

A. 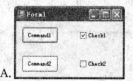　B. 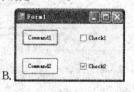　C. 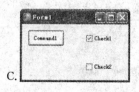　D.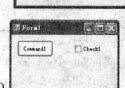

19.设在窗体中有一个名称为 List1 的列表框,其中有若干个项目(如图所示)。要求选中某一项后单击 Command1 按钮,就删除选中的项,则正确的事件过程是(   )。

A. Private Sub Command1_Click()

　　List1. Clear

End Sub

B. Private Sub Command1_Click()

　　List1. Clear List1. ListIndex

End Sub

C. Private Sub Command1_Click()

　　List1. RemoveItem List1. ListIndex

End Sub

D. Private Sub Command1_Click()

　　List1. RemoveItem

End Sub

20.某人设计了如下程序用来计算并输出 7!(7 的阶乘)

Private Sub Command1_Click()

　　t＝0

　　For k＝7 To 2 Step －1

　　　t＝t * k

　　Next

　　Print t

End Sub

执行程序时,发现结果是错误的,下面的修改方案中能够得到正确结果的是(   )。

A. 把 t＝0 改为 t＝1

B. 把 For k＝7 To 2 Step －1 改为 For k＝7 To 1 Step －1

C. 把 For k＝7 To 2 Step－1 改为 For k－1 To 7

D. 把 Next 改为 Next k

21.若窗体中已经有若干个不同的单选按钮,要把它们改为一个单选按钮数组,在属性窗口中需要且只需要进行的操作是(   )。

A. 把所有单选按钮的 Index 属性改为相同值

B. 把所有单选按钮的 Index 属性改为连续的不同值

C. 把所有单选按钮的 Caption 属性值改为相同

D. 把所有单选按钮的名称改为相同,且把它们的 Index 属性改为连续的不同值。

22.窗体上有文本框 Text1 和一个菜单,菜单标题、名称如表,结构如图所示。要求程序执行时单击"保存"菜单项,则把其标题显示在 Text1 文本框中。下面可实现此功能的事件过程是(   )。

标题	名称
文件	file
新建	new
保存	save

A. Private Sub save_Click()

　　Text1. Text＝file. save. Caption

End Sub

B. Private Sub save_Click()

　　Text1. Text＝save. Caption

End Sub

C. Private Sub file_Click()　　　　　　　D. Private Sub file_Click()

　　Text1. Text＝file. save. Caption　　　　　Text1. Text＝save. Caption

　　End Sub　　　　　　　　　　　　　　End Sub

23. 某人在窗体上画了一个名称为 Timer1 的计时器和一个名称为 Lab 的标签。计时器的属性设置 Enabled＝True,Interval＝0,并进行如下编排。希望每 2 秒在标签上显示一次系统当前时间。

Private Sub Timer1_Timer()

　　Label1. Caption＝Time $

End Sub

在程序执行时发现未能实现上述目的,那么应做的修改是(　　)。

A. 通过属性窗口把计时器的 Interval 属性设置为 2000

B. 通过属性窗口把计时器的 Enabled 属性设置为 False

C. 把事件过程中的 Label1. Caption＝Time $ 语句改为 Timer1. Interval＝Time $

D. 把事件过程中的 Label1. Caption＝Time $ 语句改为 Label1. Caption＝Timer1. Time

24. 形状控件的 Shape 属性有 6 种取值,分别代表 6 种几何图形。下列不属于这 6 种几何图形的是(　　)。

A.　　　　　　B.　　　　　　C.　　　　　　D.

25. 下面关于文件的叙述中错误的是(　　)。

A. 随机文件中各条记录的长度是相同的

B. 打开随机文件时采用的文件存取方式应该是 Random

C. 向随机文件中写数据应使用语句 Print ♯ 文件号

D. 打开随机文件与打开顺序文件一样,都使用 Open 语句

26. 设窗体上有一个图片框 Picture1,要在程序运行期间装入当前文件夹下的图形文件 File1.jpg,能实现此功能的语句是(　　)。

A. Picture1. Picture＝"Flie1. jpg"

B. Picture1. Picture＝LoadPicture("File1. jpg")

C. LoadPicture("File1. jpg")

D. Call LoadPicture("File1. jpg")

27. 下面程序执行时,在窗体上显示的是(　　)。

Private Sub Command1_Click()

　　Dim a(10)

　　For k＝1 To 10

　　　a(k)＝11 － k

　　Next k

　　Print a(a(3)\a(7) Mod a(5))

End Sub

A. 3　　　　　　　B. 5　　　　　　　C. 7　　　　　　　D. 9

28. 为达到把 a、b 中的值交换后输出的目的,某人编程如下:

Private Sub Command1_Click()

　　a%＝10:b%＝20

　　Call swap(a,b)

　　Print a,b

　　End Sub

Private Sub swap(ByVal a As Integer,ByVal b As Integer)

　　c＝a:a＝b:b＝c

End Sub

在运行时发现输出结果错了,需要修改。下面列出的错误原因和修改方案中正确的是(   )。

A. 调用 swap 过程的语句错误,应改为 Call swap a,b

B. 输出语句错误,应改为 Print "a","b"

C. 过程的形式参数有错,应改为 swap(ByRef a As Integer,ByRef b As Integer)

D. swap 中 3 条赋值语句的顺序是错误的,应改为 a=b:b=c:c=a

29. 有如下函数:

```
Function fun(a As Integer,n As Integer) As Integer
    Dim m As Integer
    While a>=n
        a=a-n
        m=m+1
    Wend
    fun=m
End Function
```

该函数的返回值是(   )。

A. a 乘以 n 的乘积

B. a 加 n 的和

C. a 减 n 的差

D. a 除以 n 的商(不含小数部分)

30. 下面程序的输出结果是(   )。

```
Private Sub Command1_Click()
    ch$ ="ABCDEF"
    proc ch
    Print ch
End Sub
Private Sub proc(ch As String)
    S=""
    For k=Len(ch) To 1 Step-1
        s=s&Mid(ch,k,1)
    Next k
    ch=s
End Sub
```

A. ABCDEF   B. FEDCBA   C. A   D. F

31. 某人编写了一个能够返回数组 a 中 10 个数中最大数的函数过程,代码如下:

```
Function MaxValue(a() As Integer) As Integer
    Dim max%
    max=1
    For k=2 To 10
        If a(k)>a(max) Then
            max=k
        End If
    Next k
    MaxValue=max
End Function
```

程序运行时,发现函数过程的返回值是错的,需要修改,下面的修改方案中正确的是(   )。

A. 语句 max=1 应改为 max=a(1)

B. 语句 For k=2 To 10 应改为 For k=1 To 10

C. If 语句中的条件 a(k)＞a(max) 应改为 a(k)＞max

D. 语句 MaxValue=max 应改为 MaxValue=a(max)

32. 在窗体上画一个名称为 Command1 的命令按钮,并编写以下程序:

```
Private Sub Command1_Click()
    Dim n%,b,t
    t=1:b=1:n=2
    Do
        b=b*n
        t=t+b
        n=n+1
    Loop Until n>9
    Print t
End Sub
```

此程序计算并输出一个表达式的值,该表达式是(   )。

A. 9!   B. 10!

C. 1! ＋2! ＋…＋9!   D. 1! ＋2! ＋…＋10!

33. 有一个名称为 Form1 的窗体,上面没有控件,设有以下程序(其中方法 Pset(X,Y)的功能是在坐标 X,Y 处画一个点):

```
Dim cmdmave As Boolean
Private Sub Form_MouseDown(Button As Integer,Shift As Integer, X As Single,Y As Single)
    cmdmave=True
End Sub
Private Sub Form_MouseMove(Button As Integer,Shift As Integer, X As Single, Y As Single)
    If cmdmave Then
        Form1. Pset(X,Y)
    End If
End Sub
Private Sub Form_MouseUp(Button As Integer, Shift As Integer, X As Single,Y As Single)
    cmdmave=False
End Sub
```

此程序的功能是(   )。

A. 每按下鼠标键一次,在鼠标所指位置画一个点

B. 按下鼠标键,则在鼠标所指位置画一个点;放开鼠标键,则此点消失

C. 不按鼠标键而拖动鼠标,则沿鼠标拖动的轨迹画一条线

D. 按下鼠标键并拖动鼠标,则沿鼠标拖动的轨迹画一条线,放开鼠标键则结束画线

34. 某人设计了下面的函数 fun,功能是返回参数 a 中数值的位数

```
Function fun(a As Integer) As Integer
    Dim n%
    n=1
    While a\10 >=0
        n=n+1
        a=a\10
    Wend
    fun=n
End Function
```

在调用该函数时发现返回的结果不正确,函数需要修改,下面的修改方案中正确的是(　　)。

A. 把语句 n＝1 改为 n＝0

B. 把循环条件 a\10 ＞＝0 改为 a\10 ＞ 0

C. 把语句 a＝a\10 改为 a＝a Mod 10

D. 把语句 fun＝n 改为 fun＝a

35. 在窗体上有一个名称为Check1的复选框数组(含 4 个复选框),还有一个名称为Text1的文本框,初始内容为空。程序运行时,单击任何复选框,则把所有选中的复选框后面的方字罗列在文本框中(如右图所示)。下面能实现此功能的事件过程是(　　)。

A. Private Sub Check1_Click(Index As Integer)

    Text1. Text＝""

    For k＝0 To 3

      If Check1(k). value＝1 Then

        Text1. Text＝Text1. Text & Check1(k). Caption & " " 双引号中是空格

      End If

    Next k

  End Sub

B. Private Sub Check1_Click(Index As Integer)

    For k＝0 To 3

      If Check1(k). Value＝1 Then

        Text1. Text＝Text1. Text & Check1(k). Caption & " " 双引号中是空格

      End If

    Next k

  End Sub

C. Private Sub Check1_Click(Index As Integer)

    Text1. Text＝""

    For k＝0 To 3

      If Check1(k). Value＝1 Then

        Text1. Text＝Text1. Text & Check1(Index). Caption & " " 双引号中是空格

      End If

    Next k

  End Sub

D. Private Sub Check1_Click(Index As Integer)

    Text1. Text＝""

    For k＝0 To 3

      If Check1(k). Value＝1 Then

      Text1. Text＝Text1. Text & Check1(k). Caption & " " 双引号中是空格

      Exit For

      End If

    Next k

  End Sub

二、填空题

1. 软件需求规格说明书应具有完整性、无歧义性、正确性、可验证性、可修改性等特征,其中最重要的是＿＿＿＿＿。

2. 在两种基本测试方法中,＿＿＿＿测试的原则之一是保证所测模块中每一个独立路径至少执行一次。

3. 线性表的存储结构主要分为顺序存储结构和链式存储结构。队列是一种特殊的线性表,循环队列是队列的＿＿＿＿存储结构。

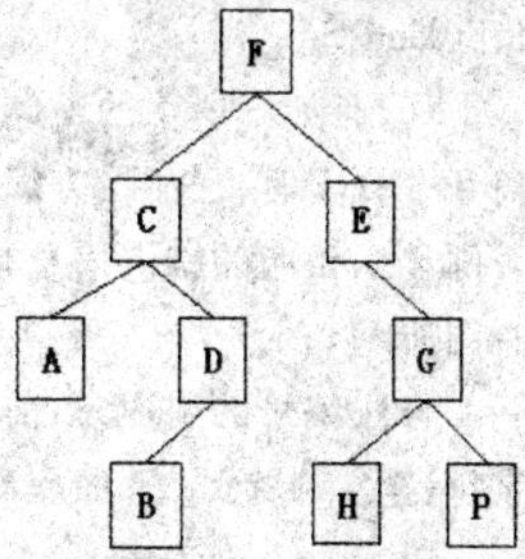

4.对右边二叉树进行中序遍历的结果为＿＿＿＿。

5.在E－R图中,矩形表示＿＿＿＿。

6.窗体上有一个组合框,其中已输入了若干个项目。程序运行时,单击其中一项,即可把该项与最上面的一项交换。例如单击图1中的"重庆",则与"北京"交换,得到图2的结果。下面是可实现此功能的程序,请填空。

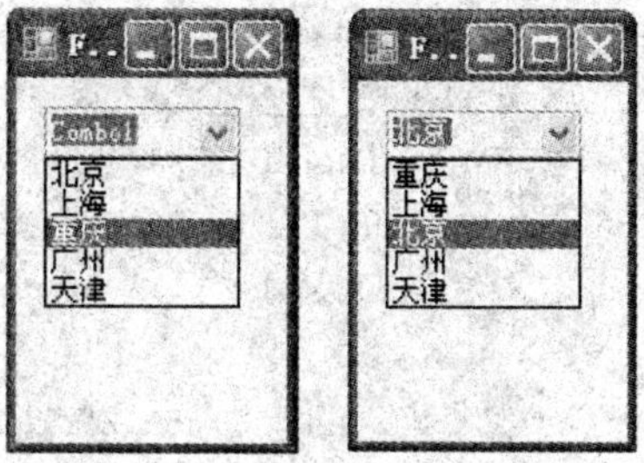

```
Private Sub Combo1_Click()
    Dim temp
    temp＝Combo1. Text
    ＿＿＿＿＝Combo1. List(0)
    Combo1. List(0)＝temp
End Sub
```

7.设窗体上有一个名称为 HScroIII 的水平滚动条,要求当滚动块移动位置后,能够在窗体上输出移动的距离(即新位置与原位置的刻度值之差,向右移动为正数,向左移动为负数)。下面是可实现此功能的程序,请填写。

```
Dim ＿＿＿＿ As Integer
Private Sub Form_Load()
    pos＝HScroIII. Value
End Sub
Private Sub HScroIII_Change()
    Print ＿＿＿＿－pos
    pos＝HScroIII. Value
End Sub
```

8.设窗体上有一个名称为 CD1 的通用对话框,一个名称为 Text1 的文本框和一个名称为 Command1 的命令按钮。程序执行时,单击 Command1 按钮,则显示打开文件对话框,操作者从中选择一个文本文件,并单击对话框上的"打开"按钮后,则可打开该文本文件,并读入一行文本,显示在 Text1 中。下面是实现此功能的事件过程,请填空。

```
Private Sub Command1_Click()
    CD1. Filter＝"文本文件 1 * . txt(Word 文档) * . doc"
    CD1. Filterinder＝1
    CD1. ShowOpen
    If CD1. FileName<>""Then
        Open ＿＿＿＿ For Input As ♯1
        Line Input ♯1,ch$
        Close ♯1
        Text1. Text＝＿＿＿＿
    End If
End Sub
```

9.下面的程序执行时,可以从键盘中输入一个正整数,然后把该数的每位数字按逆序输出。例如输入 7685,则输出 5867,输入 1000,则输出 0001。请填空。

```
Private Sub Command1_Click()
    Dim x As Integer
    x＝InputBox("请输入一个正整数")
    While x>＿＿＿＿
        Print x Mod 10
        x＝x\10
    Wend
    Print ＿＿＿＿
```

End Sub

10.有如图所示的窗体。程序执行时先在 Text1 文本框中输入编号,当焦点试图离开 Text1 时,程序检查编号的合法性,若编号合法,则焦点可以离开 Text1 文本框;否则显示相应的错误信息,并自动选中错误的字符,且焦点不能离开 Text1 文本框(如右图所示)。

合法编号的组成是:前 2 个字符是大写英文字母,第 3 个字符是"—",后面是数字字符(至少 1 个)。下面程序可实现此功能,请填空。

```
Private Sub Text1_Lostfocus()
    Dim k%,n%
    n=Len(_____)
    For k=1 to IIf (n>3,n,4)
        c=Mid(Text1. Text,k,1)
    Select Case k
    Case 1,2
        If c<"A" Or c>"Z" Then
            MsgBox("第"&k&"个字符必须是大写字母!")
            SetPosition k
            Exit For
        End If
    Case 3
        If c<>"—" Then
            MsgBox("第"&k&"个字符必须是字符"" —""")
            SetPosition k
            Exit For
        End If
    Case Else
        If c<"0" Or c>"9" Then
            MsgBox("第"&k&"个字符必须是数字!")
            SetPosition k
            Exit For
        End If
    End Select
    Next k
End Sub


Private Sub SetPosition(pos As Integer)
    Text1. SelStart=pos—1
    Text. SelLength=_____
    Text1. _____
End Sub
```

< 34 >

第5套 笔试考试试题

一、单选题

1. 程序流程图中带有箭头的线段表示的是（　　）。

A. 图元关系 B. 数据流

C. 控制流 D. 调用关系

2. 结构化程序设计的基本原则不包括（　　）。

A. 多态性 B. 自顶向下

C. 模块化 D. 逐步求精

3. 软件设计中模块划分应遵循的准则是（　　）。

A. 低内聚低耦合 B. 高内聚低耦合

C. 低内聚高耦合 D. 高内聚高耦合

4. 在软件开发中，需求分析阶段产生的主要文档是（　　）。

A. 可行性分析报告 B. 软件需求规格说明书

C. 概要设计说明书 D. 集成测试计划

5. 算法的有穷性是指（　　）。

A. 算法程序的运行时间是有限的 B. 算法程序所处理的数据量是有限的

C. 算法程序的长度是有限的 D. 算法只能被有限的用户使用

6. 对长度为 n 的线性表排序，在最坏的情况下，比较次数不是 n(n−1)/2 的排序方法是（　　）。

A. 快速排序 B. 冒泡排序

C. 直接插入排序 D. 堆排序

7. 下列关于栈的叙述正确的是（　　）。

A. 栈按"先进先出"组织数据 B. 栈按"先进后出"组织数据

C. 只能在栈底插入数据 D. 不能删除数据

8. 在数据库设计中，将 E−R 图转换成关系数据模型的过程属于（　　）。

A. 需求分析阶段 B. 概念设计阶段

C. 逻辑设计阶段 D. 物理设计阶段

9. 有三个关系 R、S 和 T 如下：

R				S				T		
B	C	D		B	C	D		B	C	D
a	0	k1		f	3	h2		a	0	k1
B	1	n1		a	0	k1				
				n	2	x1				

由关系 R 和 S 通过运算得到关系 T，则所使用的运算为（　　）。

A. 并 B. 自然连接 C. 笛卡儿积 D. 交

10. 设有表示学生选课的三张表，学生 S(学号,姓名,性别,年龄,身份证号)，课程(课号,课名)，选课 SC(学号,课号,成绩)，则表 SC 的关键字（键或码）为（　　）。

A. 课号,成绩 B. 学号,成绩

C. 学号,课号 D. 学号,姓名,成绩

11. 以下叙述中错误的是（　　）。

A. 标准模块文件的扩展名是.bas

B. 标准模块文件是纯代码文件

C. 在标准模块中声明的全局变量可以在整个工程中使用

D. 在标准模块中不能定义过程

12. 在 Visual Basic 中,表达式 3 * 2\5 Mod 3 的值是（　　）。

A. 1　　　　　　　　　　　　　　B. 0

C. 3　　　　　　　　　　　　　　D. 出现错误提示

13. 以下选项中,不合法的 Visual Basic 变量名是（　　）。

A. a5b　　　　　　　　　　　　　B. _xyz

C. a_b　　　　　　　　　　　　　D. andif

14. 以下数组定义语句中,错误的是（　　）。

A. Static a (10) As Integer　　　　　B. Dim c (3, 1 to 4)

C. Dim d (−10)　　　　　　　　　　D. Dim b (0 to 5, 1 to 3) As Integer

15. 现有语句:y＝IIf(x>0, x Mod 3, 0),设 x＝10,则 y 的值是（　　）。

A. 0　　　　　　　　　　　　　　B. 1

C. 3　　　　　　　　　　　　　　D. 语句有错

16. 为了使文本框同时具有垂直和水平滚动条,应先把 MultiLine 属性设置为 True,然后再把 Scrollbars 属性设置为（　　）。

A. 0　　　　　　　　　　　　　　B. 1

C. 2　　　　　　　　　　　　　　D. 3

17. 文本框 Text1 的 KeyDown 事件过程如下:

Private Sub Text1_ KeyDown(KeyCode As Integer, Shift As Integer)

End Sub

其中参数 KeyCode 的值表示的是发生此事件时（　　）。

A. 是否按下了 Alt 键或 Ctrl 键　　　B. 按下的是哪个数字键

C. 所按的键盘键的键码　　　　　　D. 按下的是哪个鼠标键

18. 窗体上有一个名称为 Hscroll1 的滚动条,程序运行后,当单击滚动条两端的箭头时,立即在窗体上显示滚动框的位置(即刻度值)。下面能够实现上述操作的事件过程是（　　）。

A. Private Sub Hscroll1_Change()　　B. Private Sub Hsctroll1_Change()
　　　Print Hscroll1. Value　　　　　　　　Print Hscroll1. SmallChange
　　End Sub　　　　　　　　　　　　　End Sub

C. Private Sub Hscroll1_Scroll()　　　D. Private Sub Hscroll1_Scroll()
　　　Print Hscroll1. Value　　　　　　　　Print Hscroll1. SmallChange
　　End Sub　　　　　　　　　　　　　End Sub

19. 若已把一个命令按钮的 Default 属性设置为 True,则下面可导致按钮的 Click 事件过程被调用的操作是（　　）。

A. 用鼠标右键单击此按钮　　　　　B. 按键盘上的 Esc 键

C. 按键盘上的 Enter 键　　　　　　D. 用鼠标右键双击此按钮

20. 要使两个单选按钮属于同一个框架,正确的操作是（　　）。

A. 先画一个框架,再在框架中画两个单选按钮

B. 先画一个框架,再在框架外画两个单选按钮,然后把单选按钮拖到框架中

C. 先画两个单选按钮,再画框架将单选按钮框起来

D. 以上三种方法都正确

21. 能够存放组合框的所有项目内容的属性是（　　）。

A. Caption　　　　　　　　　　　B. Text

C. List　　　　　　　　　　　　　D. Selected

22. 设窗体上有一个标签 Label1 和一个计时器 Timer1,Timer1 的 Interval 属性被设置为 1000,Enabled 属性被设置为 True。要求程序运行时每秒在标签中显示一次系统当前时间。以下可以实现上述要求的事件过程是（　　）。

A. Private Sub Timer1_Timer()
    Label1. Caption=True
End Sub
C. Private Sub Timer1_Timer()
    Label1. Interval=1
   End Sub

B. Private Sub Timer1_Timer()
    Label1. Caption=Time $
End Sub
D. Private Sub Timer1_Timer()
    For k=1 To Timer1. Interval
     Label1. Caption=Timer
   Next k
End Sub

23. 设有如图所示窗体和以下程序：

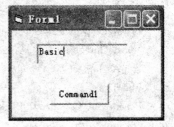

```
Private Sub Command1_Click()
    Text1. Text="Visual Basic"
End Sub
Private Sub Text1_LostFocus()
    If Text1. Text <> "BASIC" Then
        Text1. Text=" "
    Text1. SetFocus
    End If
End Sub
```

程序运行时,在 Text1 文件框中输入"Basic"(如图所示),然后单击 Command1 按钮,则产生的结果是(　　)。

A. 文本框中无内容,焦点在文本框中

B. 文本框中为"Basic",焦点在文本框中

C. 文本框中为"Basic",焦点的按钮上

D. 文本框中为"Visual Basic",焦点的按钮上

24. 窗体上有一个名称为 Command1 的命令按钮,其事件过程如下：

```
Private Sub Command1_Click()
    x="VisualBasicProgramming"
    a=Right(x,11)
    b=Mid(x,7,5)
    C=Msgbox(a,b)
End Sub
```

运行程序后单击命令按钮,以下叙述中错误的是(　　)。

A. 信息框的标题是 Basic
B. 信息框中的提示信息是 Programming
C. C 的值是函数的返回值
D. MsgBox 的使用格式有错

25. 设工程文件包含两个窗体文件 Form1. frm、Form2. frm 及一个标准模块文件 Module1. bas,两个窗体上分别只有一个名称 Command1 的命令按钮。

Form1 的代码如下：

```
Public X As Integer
Private Sub Form_load()
    x=1
    y=5
End Sub
Private Sub Command1_Click()
    Form2. Show
End Sub
```

Form2 的代码如下：

```
Private Sub Command1_Click()
   Print Form1. x,y
End Sub
```

Module1 的代码如下：

```
Public y As Integer
```

运行以上程序，单击 Form1 的命令按钮 Command1，则显示 Form2；再单击 Form2 上的命令按钮 Command1，则窗体上显示的是(　　)。

A.1　5　　　　　　　B.0　5　　　　　　　C.0　0　　　　　　　D.程序有错

26.窗体上有一个名称为 Text1 的文本框，一个名称为 Command1 的命令按钮。窗体文件的程序如下：

```
Private Type x
   a As Integer
   b As Integer
End Type
Private Sub Command1_Click()
   Dim y As x
   y. a＝InputBox("")
   If y. a\2＝y. a/2 Then
      y. b＝y. a * y. a
   Else
      y. b＝Fix(y. a/2)
   End If
   Text1. Text＝y. b
End Sub
```

对以上程序，下列叙述中错误的是(　　)。

A. x 是用户定义的类型

B. InputBox 函数弹出的对话框中没有提示信息

C. 若输入的是偶数，y. b 的值为该偶数的平方

D. Fix(y. a/2)把 y. a/2 的小数部分四舍五入，转换为整数返回

27.窗体上有一个名称为 CD1 的通用对话框控件和由四个命令按钮组成的控件数组 Command1，其下标从左到右分别为 0、1、2、3，窗体外观如图所示。

命令按钮的事件过程如下：

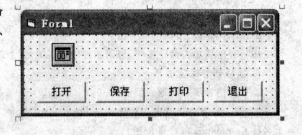

```
Private Sub Command1_Click(Index As Integer)
   Select Case Index
      Case 0
         CD1. Action＝1
      Case 1
         CD1. ShowSave
      Case 2
         CD1. Action＝5
      Case 3
         End
   End Select
End Sub
```

对上述程序，下列叙述中错误的是(　　)。

A. 单击"打开"按钮,显示打开文件的对话框

B. 单击"保存"按钮,显示保存文件的对话框

C. 单击"打印"按钮,能够设置打印选项,并执行打印操作

D. 单击"退出"按钮,结束程序的运行

28. 窗体上有两个水平滚动条 HV、HT,还有一个文本框 Text1 和一个标题为"计算"的命令按钮 Command1,如图所示,并编写了以下程序:

```
Private Sub Command1_Click()
    Call Cale (HV. Value, HT. Value)
End Sub
Public Sub Cale(x AS Integer, y AS Integer)
    Text1. Text＝x＊y
End Sub
```

运行程序,单击"计算"按钮,可根据速度与时间计算出距离,并显示计算结果。对以上程序,下列叙述中正确的是(　　)。

A. 过程调用语句不对,应为 Cale (HV,HT)

B. 过程定义语句的形式参数不对,应为 Sub Cale(x As Control, y As Control)

C. 计算结果在文本框中显示出来

D. 程序不能正确运行

29. 现有如下程序:

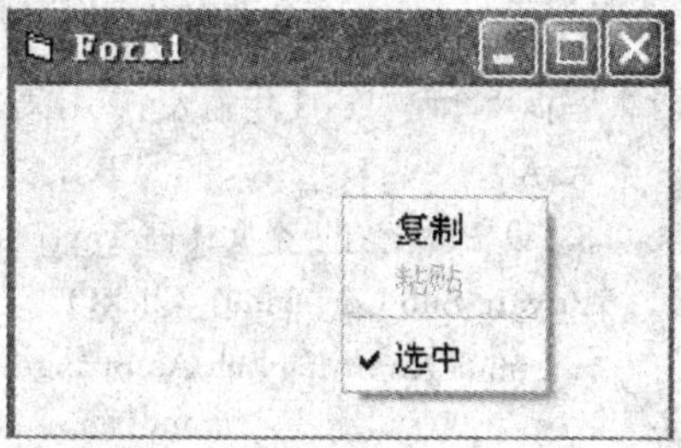

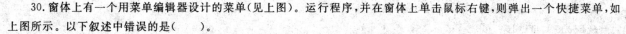

```
Private Sub Command1_ Click()
    S＝0
    For i＝1 to 5
        S＝S＋f(5＋i)
    Next
    Print S
End Sub
Public Function f(x As Integer)
    If x＞＝10 Then
        t＝x＋1
    Else
        t＝x＋2
    End If
    f＝t
End Function
```

运行程序,则窗体上显示的是(　　)。

A. 38　　　　　　　　B. 49　　　　　　　　C. 61　　　　　　　　D. 70

30. 窗体上有一个用菜单编辑器设计的菜单(见上图)。运行程序,并在窗体上单击鼠标右键,则弹出一个快捷菜单,如上图所示。以下叙述中错误的是(　　)。

A. 在设计"粘贴"菜单项时,在菜单编辑器窗口中设置了"有效"属性(有"√")

B. 菜单中的横线是在该菜单项的标题输入框中输入了一个"一"(减号)字符

C. 在设计"选中"菜单项时,在菜单编辑器窗口中设置了"复选"属性(有"√")

D. 在设计该弹出菜单的主菜单项时,在菜单编辑器窗口中去掉了"可见"前面的"√"

31. 窗体上有一个名称为 Picture1 的图片框控件,一个名称为 Label1 的标签控件,如下图所示。

现有如下程序:

Public Sub Display (x As Control)

```
    If Type Of x is Label Then
        x. Caption="计算机等级考试"
    Else
        x. Picture=Load Picture("pic.jpg")
    End If
End Sub
Private Sub Label1_Click()
    Call Display(Label1)
End Sub
Private Sub Picture1_Click()
    Call Display(Picture1)
End Sub
```

对以上程序,下列叙述中错误的是(　　)。

A. 程序运行时会出错　　　　　　　　　　　　　B. 单击图片框,在图片框中显示一幅图片

C. 过程中的 X 是控件变量　　　　　　　　　　　D. 单击标签,在标签中显示一串文字

32.窗体上有两个名称分别为 Text1、Text2 的文本框。Text1 的 KeyUp 的事件过程如下:

```
Private Sub Text1_KeyUp(KeyCode As Integer, shift As Integer)
    Dim C As string
    Text2. Text=Chr(Asc(c)+2)
End Sub
```

当向文本框 Text1 中输入小写字母 a 时,文本框 Text2 中显示的是(　　)。

A. A　　　　　　　　　B. a　　　　　　　　　C. C　　　　　　　　　D. c

33.设窗体上有一个文体框 Text1 和一个命令按钮 Command1,并有以下事件过程:

```
Private Sub Command1_Click()
    Dim S As String, ch As String
    S=" "
    For k=1 TO Len(Text1)
        ch=Mid(Text1,k,l)
        S=ch+S
    Next k
    Text1. Text=S
End Sub
```

程序执行时,在文本框中输入"Basic",然后单击命令按钮,则 Text1 中显示的是(　　)。

A. Basic　　　　　　B. cisaB　　　　　　C. BASIC　　　　　　D. CISAB

34.某人编写了如下程序,用来求 10 个整数(整数从键盘输入)中的最大值:

```
Private Sub Command1_Click()
    Dim a(10) As Integer, max As Integer
    For k=1 TO 10
        a(K)=InputBox("输入一个整数")
    Next k
    Max=0
    For k=1 To 10
        If a(k)>max Then
            Max=a(k)
        End If
```

```
    Next k
    Print max
End Sub
```

运行程序时发现,当输入 10 个正数时,可以得到正确结果,但输入 10 个负数时结果是错误的,程序需要修改,下面的修改中可以得到正确运行结果的是(　　)。

A. 把 If a(k)＞max Then 改为 If a(k)＜max Then

B. 把 max＝a(k)改为 a(k)＝max

C. 把第 2 个循环语句 For k＝1 TO 10 改为 For k＝2 TO 10

D. 把 max＝0 改为 max＝a(10)

35. 已知在 4 行 3 列的全局数组 score(4,3)中存放了 4 个学生 3 门课程的考试成绩(均为整数)。现需要计算每个学生的总分,某人编写程序如下:

```
Option Base 1
Private Sub Command1_Click()
    Dim sum As Integer
    Sum＝0
    For i＝1 To 4
      For j＝1 To 3
        Sum＝sum＋score(i,j)
      Next j
      Print "第"＆i＆"个学生的总分是:";sum
    Next i
End Sub
```

运行此程序时发现,除第 1 个人的总分计算正确外,其他人的总分是错误的。程序需要修改,以下修改方案中正确的是(　　)。

A. 把外层循环语句 For i＝1 TO 4 改为 For i＝1 To 3

　　内层循环语句 For j＝1 TO 3 改为 For j＝1 TO 4

B. 把 sum＝0 移到 For i＝1 TO 4 和 For j＝1 TO 3 之间

C. 把 sum＝sum＋score(i,j)改为 sum＝sum＋score(j,i)

D. 把 sum＝sum＋score(i,j)改为 sum＝score(i,j)

二、填空题

1. 软件测试用例包括输入值集和＿＿＿＿＿＿＿值集。

2. 深度为 5 的满二叉树有＿＿＿＿＿＿＿个叶子结点。

3. 设某循环队列的容量为 50,头指针 Front＝5(指向队头元素的前一位置),尾指针 rear＝29(指向队尾元素),则该循环队列中共有＿＿＿＿＿＿＿个元素。

4. 在关系数据库中,用来表示实体之间联系的是＿＿＿＿＿＿＿。

5. 在数据库管理系统提供的数据定义语言、数据操纵语言和数据控制语言中,＿＿＿＿＿＿＿负责数据的模式定义与数据的物理存取构建。

6. 设有以下的循环:要求程序运行时执行 3 次循环体。请填空。

```
x＝1
DO
    x＝x＋2
    Print x
Loop Until ＿＿＿＿＿＿＿
```

7. 窗体上命令按钮 Command1 的事件过程如下:

```
Private Sub Command1_Click()
```

```
        Dim total As Integer
        total=s(1)+s(2)
        Print total
    End Sub
    Private Function s(m As Integer) As Integer
        Static x As Integer
        For i=1 To m
            x=x+1
        Next i
        S=x
    End Function
```

运行程序,第3次单击命令按钮Command1时,输出结果为_____。

8. 在窗体上画一个名称为Command1的命令按钮,然后编写如下程序:

```
    Option Base 1
    Private Sub Command1_Click()
        Dim a(10) As Integer
        For i=1 To 10
            a(i)=i
        Next
        Call swap (_____)
            For i=1 To 10
                Print a(i)
            Next
    End Sub
    Sub swap (b() As Integer)
        n=_____
        For i=1 To n/2
            t=b(i)
            b(i)=b(n)
            b(n)=t
            _____
        Next
    End Sub
```

上述程序的功能是,通过调用过程swap,调换数组中数值的存放位置,即a(1)与a(10)的值互换,a(2)与a(9)的值互换。请填空。

9. 在窗体上画一个通用对话框,其名称为CommonDialog1,然后画一个命令按钮,并编写如下事件过程:

```
    Private Sub Command1_Click()
        CommonDialog1. Filter="All Files(＊.＊)|＊.＊|Text Files"_
            &"(＊.txt)|＊.txt|Batch Files(＊.bat)|＊.bat"
        CommonDialog1 FilterIndex=1
        CommonDialog1. ShowOpen
        MsgBox CommonDialog1. File Name
    End Sub
```

程序运行后,单击命令按钮,将显示一个"打开"对话框,此时在"文件类型"框中显示的是_____;如果在对话框中选择d盘temp目录下的tel.txt文件,然后单击"确定"按钮,则在MsgBox信息框中显示的提示信息是_____。

10.以下程序的功能是:把程序文件 smtext1.txt 的内容全部读入内存,并在文本框 Text1 中显示出来。请填空。

```
Private Sub Command1_Click()
    Dim inData As String
    Text1. Text=" "
    Open"smtext1. txt"_____ As _____
    Do While _____
        Input #2，inData
        Text1. Text=Text1. Text& inData
    Loop
    Close #2
End Sub
```

< **43** >

第6套　笔试考试试题

一、单选题

1. 一个栈的初始状态为空。现将元素 1、2、3、4、5、A、B、C、D、E 依次入栈,然后再依次出栈,则元素出栈的顺序是( )。

A. 12345ABCDE
B. EDCBA54321
C. ABCDE12345
D. 54321EDCBA

2. 下列叙述中正确的是( )。

A. 循环队列有队头和队尾两个指针,因此,循环队列是非线性结构
B. 在循环队列中,只需要队头指针就能反映队列中元素的动态变化情况
C. 在循环队列中,只需要队尾指针就能反映队列中元素的动态变化情况
D. 循环队列中元素的个数是由队头指针和队尾指针共同决定的

3. 在长度为 n 的有序线性表中进行二分查找,最坏情况下需要比较的次数是( )。

A. $O(n)$
B. $O(n2)$
C. $O(\log_2^n)$
D. $O(n \log_2^n)$

4. 下列叙述中正确的是( )。

A. 顺序存储结构的存储空间一定是连续的,链式存储结构的存储空间不一定是连续的
B. 顺序存储结构只针对线性结构,链式存储结构只针对非线性结构
C. 顺序存储结构能存储有序表,链式存储结构不能存储有序表
D. 链式存储结构比顺序存储结构节省存储空间

5. 数据流图中带有箭头的线段表示的是( )。

A. 控制流
B. 事件驱动
C. 模块调用
D. 数据流

6. 在软件开发中,需求分析阶段可以使用的工具是( )。

A. N-S 图
B. DFD 图
C. PAD 图
D. 程序流程图

7. 在面向对象方法中,不属于"对象"基本特点的是( )。

A. 一致性
B. 分类性
C. 多态性
D. 标识唯一性

8. 一间宿舍可住多个学生,则实体宿舍和学生之间的联系是( )。

A. 一对一
B. 一对多
C. 多对一
D. 多对多

9. 在数据管理技术发展的三个阶段中,数据共享最好的是( )。

A. 人工管理阶段
B. 文件系统阶段
C. 数据库系统阶段
D. 三个阶段相同

10. 有三个关系 R、S 和 T 如下:

R			S			T		
A	B		B	C		A	B	C
m	1		1	3		m	1	3
m	2		3	5				

由关系 R 和 S 通过运算得到关系 T,则所使用的运算为( )。

A. 笛卡儿积　　　B. 交　　　　　　C. 并　　　　　　D. 自然连接

11. 在设计窗体时双击窗体的任何地方,可以打开的窗口是(   )。

A. 代码窗口
B. 属性窗口

C. 工程资源管理器窗口
D. 工具箱窗口

12. 若变量a未事先定义而直接使用(例如 a=0),则变量 a 的类型是(   )。

A. Integer
B. String

C. Boolean
D. Variant

13. 为把圆周率的近似值3.14159存放在变量 pi 中,应该把变量 pi 定义为(   )。

A. Dim pi As Integer
B. Dim pi(7)As Integer

C. Dim pi As Single
D. Dim pi As Long

14. 表达式 2 * 3^2＋4 * 2/2+3^2 的值是(   )。

A. 30
B. 31

C. 49
D. 48

15. 下列不能输出"Program"的语句是(   )。

A. Print Mid("VBProgram",3,7)
B. Print Right("VBProgram",7)

C. Print Mid("VBProgram",3)
D. Print Left("VBProgram",7)

16. 窗体上有一个名称为 Frame1 的框架,如下图所示,若要把框架上显示的"Frame1"改为汉字"框架",下列正确的语句是(   )。

A. Frame1. Name="框架"

B. Frame1. Caption="框架"

C. Frame1. Text="框架"

D. Frame1. Value="框架"

17. 下列叙述中错误的是(   )。

A. 在通用过程中,多个形式参数之间可以用逗号作为分隔符

B. 在 Print 方法中,多个输出项之间可以用逗号作为分隔符

C. 在 Dim 语句中,所定义的多个变量可以用逗号作为分隔符

D. 当一行中有多个语句时,可以用逗号作为分隔符

18. 设窗体上有一个列表框控件 List1,含有若干列表项。下列能表示当前被选中的列表项内容的是(   )。

A. List1. List
B. List1. ListIndex

C. List1. Text
D. List1. Index

19. 设 a=4,b=5,c=6,执行语句 Print a<b And b<c 后,窗体上显示的是(   )。

A. True
B. False

C. 出错信息
D. 0

20. 执行下列语句:

strInput＝InputBox("请输入字符串","字符串对话框","字符串")

将显示输入对话框。此时如果直接单击"确定"按钮,则变量 strInput 的内容是(   )。

A. "请输入字符串"
B. "字符串对话框"

C. "字符串"
D. 空字符串

21. 窗体上有 Command1、Command2 两个命令按钮。现编写以下程序:

```
Option Base 0
Dim a() As Integer,m As Integer
Private Sub Command1 Click()
    m=InputBox("请输入一个正整数")
    ReDim a(m)
End Sub
Private Sub Command2 Click()
```

```
    m＝InputBox("请输入一个正整数")
    ReDim a(m)
End Sub
```

运行程序时,单击 Command1 后输入整数 10,再单击 Command2 后输入整数 5,则数组 a 中元素的个数是( )。

A. 5   B. 6   C. 10   D. 11

22.在窗体上画一个命令按钮和一个标签,其名称分别为 Command1 和 Label1,然后编写如下事件过程:

```
Private Sub Command1_Click()
    Counter＝0
    For i＝1 To 4
        For j＝6 To 1 Step－2
            Counter＝Counter＋1
        Next j
    Next i
    Label1. Caption＝Str(Counter)
End Sub
```

程序运行后,单击命令按钮,标签中显示的内容是( )。

A. 11   B. 12   C. 16   D. 20

23.在窗体上画一个名为 Command1 的命令按钮,然后编写以下程序:

```
Private Sub Command1_Click()
    Dim M(10) As Integer
    For k＝1 To 10
        M(k)＝12－k
    Next k
    x＝8
    Print M(2＋M(x))
End Sub
```

运行程序,单击命令按钮,在窗体上显示的是( )。

A. 6   B. 5   C. 7   D. 8

24.下列关于过程及过程参数的描述中,错误的是( )。

A. 调用过程时可以用控件名称作为实际参数

B. 用数组作为过程的参数时,使用的是"传地址"方式

C. 只有函数过程能够将过程中处理的信息传回到调用的程序中

D. 窗体(Form)可以作为过程的参数

25.在窗体上画一个名称为 Command1 的命令按钮,再画两个名称分别为 Label1、Label2 的标签,然后编写如下程序代码:

```
Private X As Integer
Private Sub Command1_Click()
    X＝5: Y＝3
    Call proc(x, y)
    Label1. Caption＝x
    Label2. Caption＝y
End Sub

Private Sub proc(a As Integer, ByVal b As Integer)
    X＝a * a
```

```
    Y=b+b
End Sub
```

程序运行后,单击命令按钮,则两个标签中显示的内容分别是( )。

A. 25 和 3　　　　　　　　B. 5 和 3　　　　　　　　C. 25 和 6　　　　　　　　D. 5 和 6

26. 在窗体上有两个名称分别为 Text1、Text2 的文本框,一个名称为 Command1 的命令按钮。运行后的窗体外观如右图所示。

设有如下的类型和变量声明:

```
Private Type Person
    name As String * 8
    major As String * 20
End Type
Dim P As Person
```

设文本框中的数据已正确地赋值给 Person 类型的变量 P,当单击"保存"按钮时,能够正确地把变量中的数据写入随机文件 Test2. dat 中的程序段是( )。

```
A. Open"c:\Test2. dat"For Output As#1
   Put#1,1,P
   Close#1

B. Open"c:\Test2. dat"For Random As#1
   Get#1,1,P
   Close#1

C. Open"c:\Test2. dat"For Random As#1 Len=Len(p)
   Put#1,1,P
   Close#1

D. Open"c:\Test2. dat"For Random As#1 Len=Len(p)
   Get#1,1,P
   Close#1
```

27. 在窗体上画一个名称为 Text1 的文本框和一个名称为 Command1 的命令按钮,然后编写如下事件过程:

```
Private Sub Command1_Click()
    Dim i As Integer,n As Integer
    For i=0 To 50
        i=i+3
        n=n+1
        If i>10 Then Exit For
    Next
    Text1. Text=Str(n)
End Sub
```

程序运行后,单击命令按钮,在文本框中显示的值是( )。

A. 2　　　　　　　　B. 3　　　　　　　　C. 4　　　　　　　　D. 5

28. 假定有以下循环结构:

```
Do Until 条件表达式
    循环体
Loop
```

则下列描述正确的是( )。

A. 如果"条件表达式"的值是 0,则一次循环体也不执行

B. 如果"条件表达式"的值不为 0,则至少执行一次循环体

C. 不论"条件表达式"的值是否为真,至少要执行一次循环体

D. 如果"条件表达式"的值恒为 0,则无限次执行循环体

29. 在窗体上画一个命令按钮,然后编写如下事件过程:

```
Private Sub Command1_Click()
    Dim I, Num
    Randomize
    Do
        For I=1 To 1000
            Num=Int(Rnd * 100)
            Print Num;
            Select Case Num
                Case 12
                    Exit For
                Case 58
                    Exit DO
                Case 65,68,92
                    End
            End Select
        Next I
    Loop
End Sub
```

上述事件过程执行后,下列描述中正确的是( )。

A. Do 循环执行的次数为 1000 次

B. 在 For 循环中产生的随机数小于或等于 100

C. 当所产生的随机数为 12 时结束所有循环

D. 当所产生的随机数为 65、68 或 92 时窗体关闭、程序结束

30. 在窗体上画一个名为 Command1 的命令按钮,然后编写如下代码:

```
Option Base 1
Private Sub Command1_Click()
    Dim a
    a=Array(1,2,3,4)
    j=1
    For i=4 To 1 Step-1
        s=s+a(i) * j
        j=j * 10
    Next i
    Print S
End Sub
```

运行上面的程序,其输出结果是( )。

A. 1234　　　　　B. 12　　　　　C. 34　　　　　D. 4321

31. 设有如下通用过程:

```
Public Function Fun(xStr As String) As String
    Dim t Str As String,strL As Integer
    tStF=""
    strL=Len(xStr)
```

```
    i=1
    Do While i<=strL/2
      tStr=Tstr&Mid(xStr,i,1)&Mid(xStr,strL-i+1,1)
        i=i+1
    Loop
    Fun=tStr
End Function
```

在窗体上画一个名称为 Command1 的命令按钮,然后编写如下的事件过程:

```
Private Sub Command1_Click()
    Dim S1 As String
    S1="abedef"
    Prim UCase(Fun(S1))
End Sub
```

程序运行后,单击命令按钮,输出结果是( )。

A. ABCDEF   B. abcdef
C. AFBECD   D. DEFABC

32. 某人为计算 n! (0<n<=12)编写了下面的函数过程:

```
Private Function fun(n As Integer)As Long
    Dim P As Long
    P=1
    For k=n-1 To 2 Step-1
      p=p*k
    Next k
    fun=p
End Function
```

在调试时发现该函数过程产生的结果是错误的,程序需要修改。下面的修改方案中有 3 种是正确的,错误的方案是( )。

A. 把 p=1 改为 p=11

B. 把 For k=n-1 To 2 Step-1 改为 For k=1 To n-1

C. 把 For k=n-1 To 2 Step-1 改为 For k=l To n

D. 把 Fo rk=-n-1 To 2 Step-1 改为 For k=2 To n

33. 假定有下列函数过程:

```
Function Fun(S As String)As String
    Dim s1 As String
    For i=1 To Len(S)
      S1=LCase(Mid(S,i,1))+s1
    Next i
    Fun=s1
End Function
```

在窗体上画一个命令按钮,然后编写如下事件过程:

```
Private Sub Command1_Click()
    Dim Strl As String,Str2 As String
    Str1=InputBox("请输入一个字符串")
    Str2=Fun(Str1)
    Print Srt2
```

< 49 >

End Sub

程序运行后,单击命令按钮,如果在输入对话框中输入字符串"abcdefg",则单击"确定"按钮后在窗体上的输出结果为( )。

A. ABCDEFG

B. abcdefg

C. GFEDCBA

D. gfedcba

34. 为计算 an 的值,某人编写了函数 power 如下:

```
Private Function power(a As Integer,n As Integer)As Long
    Dim P As Long
    p=a
    For k=1 To n
      p=p*a
    Next k
    power=p
End Function
```

在调试时发现是错误的,例如 Print power(5,4)的输出应该是 625,但实际输出是 3125。程序需要修改。下面的修改方案中有 3 个是正确的,错误的一个是( )。

A. 把 For k=1 To n 改为 For k=2 To n

B. 把 p=p*a 改为 p=p^n

C. 把 For k=1 To n 改为 For k=1 To n-1

D. 把 p=a 改为 p=1

35. 某人编写了下面的程序:

```
Private Sub Command1_Click()
    Dim a As Integer,b As Integer
    a=InputBox("请输入整数")
    b=InputBox("请输入整数")
    pro a
    pro b
    Call pro(a+b)
End Sub
Private Sub pro(n As Integer)
    While(n>0)
      Print n Mod 10;
      n=n\10
    Wend
    Print
End Sub
```

此程序功能是输入 2 个正整数,反序输出这 2 个数的每一位数字,再反序输出这 2 个数之和的每一位数字。例如若输入 123 和 234,则应该输出:

3 2 1

4 3 2

7 5 3

但调试时发现只输出了前 2 行(即 2 个数的反序),而未输出第 3 行(即 2 个数之和的反序),程序需要修改。下面的修改方案中正确的是( )。

A. 把过程 pro 的形式参数 n As Integer 改为 ByVal n As Integer

B. 把 Call pro(a+b)改为 pro a+b

C. 把 n＝n\10 改为 n＝n/10

D. 在 pro b 语句之后增加语句 c%＝a＋b,再把 Call pro(a＋b)改为 pro C

二、填空题

1. 对下列二叉树进行中序遍历的结果是_____。

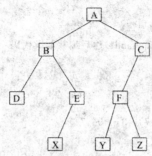

2. 按照软件测试的一般步骤,集成测试应在_____测试之后进行。

3. 软件工程三要素包括方法、工具和过程,其中,_____支持软件开发的各个环节的控制和管理。

4. 数据库设计包括概念设计、_____和物理设计。

5. 在二维表中,元组的_____不能再分成更小的数据项。

6. 在窗体上画一个文本框、一个标签和一个命令按钮,其名称分别为 Text1、Label1 和 Command1,然后编写如下两个事件过程:

```
Private Sub Command1_Clickl()
    S$＝InputBox("请输入一个字符串")
    Text1. Text＝S$
End Sub
Private Sub Text1_Change()
    Label1. Caption＝UCase(Mid(Text1. Text,7))
End Sub
```

程序运行后,单击命令按钮,将显示一个输入对话框,如果在该对话框中输入字符串"VisualBasic",则在标签中显示的内容是_____。

7. 在窗体上画一个命令按钮,其名称为 Command1,然后编写如下事件过程:

```
Private Sub Command1_Click()
    aS＝"National Computer Rank Examination"
    n＝Len(a$)
    s＝0
    For i＝1 To n
      b$＝Mid(as,i,1)
      If b$＝"n"Then
        s＝s+1
      End If
    Next i
    Print S
End Sub
```

程序运行后,单击命令按钮,输出结果是_____。

8. 为了在运行时把 d:\pic 文件夹下的图形文件 a.jpg 装入图片框 Picture1,所使用的语句为_____。

9. 设有如下程序:

```
Private Sub Form_Click()
    Cls
```

```
    a $ ="ABCDFG"
    For i=1 To 6
        Print Tab(12-i);_____
    Next i
End Sub
```

程序运行后,单击窗体,结果如右图所示,请填空。

```
Form1
        G
       FG
      DFG
     CDFG
    BCDFG
   ABCDFG
```

10. 在窗体上画一个命令按钮,其名称为Command1,然后编写如下代码:

```
Option Base 1
Private Sub Command1_Click()
    Dim Arr
    Arr=Array(43,68,-25,65,-78,12,-79,43,-94,72)
    pos=0
    neg=0
For k=1 To 10
    If Arr(k)>0 Then
        _____
    Else
        _____    End If
    Next k
    Print pos,neg
End Sub
```

以上程序的功能是计算并输出数组Arr中10个数的正数之和pos与负数之和neg,请填空。

11. 在窗体上画一个名为Command1的命令按钮,然后编写如下程序:

```
Private Sub Command1_Click()
    Dim i As Integer
    Sum=0
    n=InputBox("Enter a number")
    n=Val(n)
    For i=1 To n
        sum=_____
    Next i
    Print Sum
End Sub


Function fun(t As Integer)As Long
    P=1
    For i=1 To t
    p=p * i
    Next i

    _____
End Function
```

以上程序的功能是,计算1! +2! +3! +…+n!,其中n从键盘中输入,请填空。

12. 在窗体上画一个文本框,名称为Text1,然后编写如下程序:

```
Private Sub Form_Load()
    Open"d:\temp\dat. txt"For Output As#1
```

< 52 >

```
    Text1. Text=""
End Sub

Private Sub Text1_KeyPress(KeyAscii As Integer)
   If KeyAscii=13 Then
     If UCase(Text1. Text)=_____ Then
       Close#1
       End
     Else
       Write#1,_____
       Text1. Text=""
     End If
   End If
End Sub
```

以上程序的功能是在 D 盘 temp 文件夹下建立一个名为 dat. txt 的文件,在文本框中输入字符,每次按 Enter 键都把当前文本框中的内容写入文件 dat. txt,并清除文本框中的内容;如果输入"END",则不写入文件,直接结束程序。请填空。

< 53 >

第7套 笔试考试试题

一、单选题

1.下列叙述中正确的是(　　)。

A.栈是"先进先出"的线性表

B.队列是"先进后出"的线性表

C.循环队列是非线性结构

D.有序线性表既可以采用顺序存储结构,也可以采用链式存储结构

2.支持子程序调用的数据结构是(　　)。

A.栈　　　　　　　　　　　　　　　　B.树

C.队列　　　　　　　　　　　　　　　D.二叉树

3.某二叉树有5个度为2的结点,则该二叉树中的叶子结点数是(　　)。

A.10　　　　　　　　　　　　　　　　B.8

C.6　　　　　　　　　　　　　　　　D.4

4.下列排序方法中,最坏情况下比较次数最少的是(　　)。

A.冒泡排序　　　　　　　　　　　　　B.简单选择排序

C.直接插入排序　　　　　　　　　　　D.堆排序

5.软件按功能可以分为:应用软件、系统软件和支撑软件(或工具软件)。下列属于应用软件的是(　　)。

A.编译程序　　　　　　　　　　　　　B.操作系统

C.教务管理系统　　　　　　　　　　　D.汇编程序

6.下列叙述中错误的是(　　)。

A.软件测试的目的是发现错误并改正错误

B.对被调试的程序进行"错误定位"是程序调试的必要步骤

C.程序调试通常也称为 Debug

D.软件测试应严格执行测试计划,排除测试的随意性

7.耦合性和内聚性是对模块独立性度量的两个标准。下列叙述中正确的是(　　)。

A.提高耦合性降低内聚性有利于提高模块的独立性

B.降低耦合性提高内聚性有利于提高模块的独立性

C.耦合性是指一个模块内部各个元素间彼此结合的紧密程度

D.内聚性是指模块间互相连接的紧密程度

8.数据库应用系统中的核心问题是(　　)。

A.数据库设计　　　　　　　　　　　　B.数据库系统设计

C.数据库维护　　　　　　　　　　　　D.数据库管理员培训

9.两个关系 R、S 如下:

R			S	
A	B	C	A	B
a	3	2	a	3
b	0	1	b	0
c	2	1	c	2

由关系 R 通过运算得到关系 S,则所使用的运算为(　　)。

A.选择　　　　　　　　　　　　　　　B.投影

C.插入　　　　　　　　　　　　　　　D.连接

< 54 >

10. 将 E－R 图转换为关系模式时,实体和联系都可以表示为(   )。

A. 属性   B. 键

C. 关系   D. 域

11. 执行语句 Dim X,Y As Integer 后,(   )。

A. X 和 Y 均被定义为整型变量

B. X 和 Y 均被定义为变体类型变量

C. X 被定义为整型变量,Y 被定义为变体类型变量

D. X 被定义为变体类型变量,Y 被定义为整型变量

12. 下列关系表达式中,其值为 True 的是(   )。

A. "XYZ">"XYz"   B. "VisualBasic"<>"visualbasic"

C. "the"="there"   D. "Integer"<"Int"

13. 执行下列程序段

a $ = "Visual Basic Programming"

b $ = "C++"

c $ = UCase(Left $ (a $,7))&-b $ &-Right $ (a $,1 2)

后,变量 c $ 的值为(   )。

A. Visual BASIC Programming   B. VISUAL C++ Programming

C. Visual C++ Programming   D. VISUAL BASIC Programming

14. 下列叙述中正确的是(   )。

A. MsgBox 语句的返回值是一个整数

B. 执行 MsgBox 语句并出现信息框后,不用关闭信息框即可执行其他操作

C. MsgBox 语句的第一个参数不能省略

D. 如果省略 MsgBox 语句的第三个参数(Title),则信息框的标题为空

15. 在窗体上画一个文本框(名称为 Text1)和一个标签(名称为 Label1),程序运行后,在文本框中每输入一个字符,都会立即在标签中显示文本框中字符的个数。下列可以实现上述操作的事件过程是(   )。

A. Private Sub Text1_Change()
      Label1. Caption＝Str(Len(Text1. Text))
   End Sub

B. Private Sub Text1_Click()
      Label1. Caption＝str(Len(Text1. Text))
   End Sub

C. Private Sub Text1_Change()
      Label1. Caption＝Text1. Text
   End Sub

D. Private Sub Label1_Change()
      Label1. Caption＝Str(Len(Text1. Text))
   End Sub

16. 在窗体上画两个单选按钮(名称分别为 Option1、Option2,标题分别为"宋体"和"黑体")、1 个复选框(名称为 Check1,标题为"粗体")和 1 个文本框(名称为 Text1,Text 属性为"改变文字字体"),窗体外观如右图所示。程序运行后,要求"宋体"单选钮和"粗体"复选框被选中,则下列能够实现上述操作的语句序列是(   )。

A. Option1. Value＝False
   Check1. Value＝True

B. Option1. Value＝True
   Check1. Value＝0

C. Option2. Value＝False
   Check1. Value＝2

D. Option1. Value＝True
   Check1. Value＝1

17. 在窗体上画一个名称为 Command1 的命令按钮,然后编写下列事件过程:

```
Private Sub Command1_Click()
    c=1234
    c1=Trim(Str(c))
    For i=1 To 4
        Print _____
    Next
End Sub
```

程序运行后,单击命令按钮,要求在窗体上显示下列内容:

1

12

123

1234

则在横线处应填入的内容为(　　)。

A. Right(c1,i)　　　　　B. Left(c1,i)　　　　　C. Mid(c1,i,1)　　　　　D. Mid(c1,i,i)

18. 假定有下列程序段:

```
For i=1 TO 3
    For j=5 To 1 Step -1
        Print i*j
    Next j
Next i
```

则语句 Print i*j 的执行次数是(　　)。

A. 15　　　　　　　　　B. 16　　　　　　　　　C. 17　　　　　　　　　D. 18

19. 在窗体上画两个文本框(名称分别为 Text1 和 Text2)和一个命令按钮(名称为 Command1),然后编写下列事件过程:

```
Private Sub Command1_Click()
    x=0
    DO While x<50
        x=(x+2)*(x+3)
        n=n+1
    Loop
    Text1.Text=Str(n)
    Text2.Text=Str(x)
End Sub
```

程序运行后,单击命令按钮,在两个文本框中显示的值分别为(　　)。

A. 1 和 0　　　　　　　B. 2 和 72　　　　　　　C. 3 和 50　　　　　　　D. 4 和 168

20. 阅读程序:

```
Private Sub Form_Click()
    a=0
    For j=1 To 15
        a=a+j Mod 3
    Next j
    Print a
End Sub
```

程序运行后,单击窗体,输出结果是(　　)。

A. 105　　　　　　　　　B. 1　　　　　　　　　C. 120　　　　　　　　　D. 15

21.下列说法中正确的是( )。

A.当焦点在某个控件上时,按下一个字母键,就会执行该控件的 KeyPress 事件过程

B.因为窗体不接受焦点,所以窗体不存在自己的 KeyPress 事件过程

C.若按下的键相同,KeyPress 事件过程中的 KeyAscii 参数与 KeyDown 事件过程中的 KeyCode 参数的值也相同

D.在 KeyPress 事件过程中,KeyAscii 参数可以省略

22.语句 Dim a(—3 To 4,3 To 6)As Integer 定义的数组元素个数是( )。

A.18　　　　　　　　B.28　　　　　　　　C.21　　　　　　　　D.32

23.在窗体上画一个命令按钮,其名称为 Command1,然后编写下列代码:

```
Option Base 1
Private Sub Command1_Click()
  Dim a
  a=Array(1,2,3,4)
  j=1
  For i=4 To 1 Step —1
    s=s+a(i)*j
    j=j*10
  Next i
  Print s
End Sub
```

程序运行后,单击命令按钮,其输出结果是( )。

A.4321　　　　　　　B.1234　　　　　　　C.34　　　　　　　　D.12

24.假定通过复制、粘贴操作建立了一个命令按钮数组 Command1,下列说法中错误的是( )。

A.数组中每个命令按钮的名称(Name 属性)均为 Command1

B.若未做修改,数组中每个命令按钮的大小都一样

C.数组中各个命令按钮使用同一个 Click 事件过程

D.数组中每个命令按钮的 Index 属性值都相同

25.在窗体上画一个命令按钮,名称为 Command1,然后编写下列代码:

```
Option Base 0
Private Sub Command1_Click()
  Dim A1(4) As Integer,A2(4) As Integer
  For k=0 To 2
    A1(k+1)=InputBox("请输入一个整数")
    A2(3—k)=A1(k+1)
  Next k
  Print A2(k)
End Sub
```

程序运行后,单击命令按钮,在输入对话框中依次输入 2、4、6,则输出结果为( )。

A.0　　　　　　　　　B.1　　　　　　　　　C.2　　　　　　　　　D.3

26.下列关于函数过程的叙述中,正确的是( )。

A.函数过程形参的类型与函数返回值的类型没有关系

B.在函数过程中,过程的返回值可以有多个

C.当数组作为函数过程的参数时,既能以传值方式传递,也能以传址方式传递

D.如果不指明函数过程参数的类型,则该参数没有数据类型

27.在窗体上画两个标签和一个命令按钮,其名称分别为 Label1、Label2 和 Command1,然后编写下列程序:

```
Private Sub func(L As Label)
```

```
    L. Caption="1234"
End Sub

Private Sub Form_Load()
    Label1. Caption="ABCDE"
    Label2. Caption=10
End Sub

Private Sub Command1_Click()
    a=Val(Label2. Caption)
    Call func(Label1)
    Label2. Caption=a
End Sub
```

程序运行后,单击命令按钮,则在两个标签中显示的内容分别为(　　)。

A. ABCD 和 10　　　　　　B. 1234 和 100　　　　　C. ABCD 和 100　　　　　D. 1234 和 10

28. 在窗体上画一个命令按钮(名称为 Command1),并编写下列代码:

```
Function Funl(ByVal a As Integer,b As Integer) As Integer
    Dim t As Integer
    t=a-b
    b=t+a
    Funl=t+b
End Function

Private Sub Command1_Click()
    Dim x As Integer
    x=10
    Print Funl(Funl(x,(Funl(x,x-1))),x-1)
End Sub
```

程序运行后,单击命令按钮,输出结果是(　　)。

A. 10　　　　　　　　　　B. 0　　　　　　　　　　C. 11　　　　　　　　　D. 21

29. 下列关于过程及过程参数的描述中,错误的是(　　)。

A. 过程的参数可以是控件名称

B. 调用过程时使用的实参的个数应与过程形参的个数相同

C. 只有函数过程能够将过程中处理的信息返回到调用程序中

D. 窗体可以作为过程的参数

30. 设有下列通用过程:

```
Public Function Fun(xStr As String) As String
    Dim tStr As String,strL As Integer
    tStr=""
    strL=Len(xStr)
    i=strL/2
    DO While i<=StrL
        tStr=tStr&Mid(xStr,i+1,1)
        i=i+1
    Loop
```

```
Fun＝tStr&tStr
End Function
```

在窗体上画一个名称为 Text1 的文本框和一个名称为 Command1 的命令按钮,然后编写下列的事件过程:

```
Private Sub Command1_Click()
    Dim S1 As String
    S1＝"ABCDEF"
      Text1.Text＝LCase(Fun(S1))
End Sub
```

程序运行后,单击命令按钮,文本框中显示的是( )。

A. ABCDEF　　　　　　　　B. abcdef　　　　　　　　C. defdef　　　　　　　　D. defabc

31. 在窗体上画一个命令按钮和一个文本框(名称分别为 Command1 和 Text1),并把窗体的 KeyPreview 属性设置为 True,然后编写下列代码:

```
Dim SaveAll As String
Private Sub Form_Load()
    Show
    Text1.Text＝""
    Text1.SetFocus
End Sub


Private Sub Command1_Click()
    Text1.Text＝LCase(SaveAll)＋SaveAll
End Sub


Private Sub Form_KeyPress(KeyAscii As Integer)
    SaveAll＝SaveAll＋Chr(KeyAscii)
End Sub
```

程序运行后,直接用键盘输入 VB,再单击命令按钮,则文本框中显示的内容为( )。

A. vbVB　　　　　　　　B. 不显示任何信息　　　　　　C. VB　　　　　　　　D. 出错

32. 设有下列程序:

```
Private Sub Form_Click()
    x＝50
    For i＝1 To 4
        y＝InputBox("请输入一个整数")
        y＝Val(y)
        If y Mod 5＝0 Then
            a＝a＋y
            x＝y
        Else
            a＝a＋x
        End If
    Next i
    Print a
End Sub
```

程序运行后,单击窗体,在输入对话框中依次输入 15、24、35、46,输出结果为( )。

A. 100　　　　　　　　B. 50　　　　　　　　C. 120　　　　　　　　D. 70

33.下列关于菜单的叙述中,错误的是( )。

A.当窗体为活动窗体时,用<Ctrl+E>键可以打开菜单编辑器

B.把菜单项的 Enabled 属性设置为 False,则可删除该菜单项

C.弹出式菜单在菜单编辑器中设计

D.程序运行时,利用控件数组可以实现菜单项的增加或减少

34.下列叙述中错误的是( )。

A.在程序运行时,通用对话框控件是不可见的

B.调用同一个通用对话框控件的不同方法(如 ShowOpen 或 ShowSave),可以打开不同的对话框窗口

C.调用通用对话框控件的 ShowOpen 方法,能够直接打开在该通用对话框中指定的文件

D.调用通用对话框控件的 ShowColor 方法,可以打开颜色对话框窗口

35.设在工程文件中有一个标准模块,其中定义了下列记录类型:

Type Books

Name As String * 10

TelNum As String * 20

End Type

在窗体上画一个名为 Command1 的命令按钮,要求当执行事件过程 Command1 Click 时,在顺序文件 Person. txt 中写入一条 Books 类型的记录。下列能够完成该操作的事件过程是( )。

A. Private Sub Command1_Click()

Dim B AS Books

Open "Person txt" For Output As#1

B. Name=InputBox("输入姓名")

B. TelNum=InputBox("输入电话号码")

Write#1 B Name,B TelNum

Close#1

End Sub

B. Private Sub Command1_Click()

Dim B As Books

Open "Person txt" For Input As#1

B. Name=InputBox("输入姓名")

B. TelNum=InputBox("输入电话号码")

Print#1,B. Name,B. TelNam

Close#1

End Sub

C. Private Sub Command1_Click()

Dim BAS Books

Open "Person txt" For Output As#1

B. Name=InputBox("输入姓名")

B. TelNum=InputBox("输入电话号码")

Write#1,B

Close#1

End Sub

D. Private Sub Command1_Click()

Open "Person txt" For Input As#1

Name=InputBox("输入姓名")

TelNum=InputBox("输入电话号码")

Prim#1 Name TelNum

Close#1

End Sub

二、填空题

1.假设用一个长度为 50 的数组(数组元素的下标从 0 到 49)作为栈的存储空间,栈底指针 bottom 指向栈底元素,栈顶指针 top 指向栈顶元素,如果 bottom=49,top=30(数组下标),则栈中具有_____个元素。

2.软件测试可分为白盒测试和黑盒测试。基本路径测试属于_____测试。

3.符合结构化原则的三种基本控制结构是:选择结构、循环结构和_____。

4.数据库系统的核心是_____。

5.在 E—R 图中,图形包括矩形框、菱形框、椭圆框,其中表示实体联系的是_____框。

6.窗体如下图所示,其中汽车是名称为 Image1 的图像框,命令按钮的名称为 Command1,计时器的名称为 Timer1,直线的名称为 Line1。程序运行时,单击命令按钮,则汽车每 0.1 秒向左移动 100,车头到达左边的直线时停止移动。请填空完成下列的属性设置和程序,以便实现上述功能。

(1)Timer1 的 Interval 属性的值应事先设置为_____

(2)Private Sub Command1_Click()

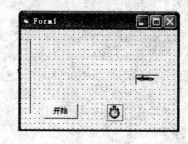

```
        Timer1. Enabled＝True
    End Sub

    Private Sub Timer1_Timer()
        If Image1. Left＞＝_____ Then
            Image1. Left＝_____ －100
        End If
    End Sub
```

7. 设窗体上有一个名称为 Combo1 的组合框,并有下列程序:

```
Private Sub Combo1_KeyPress(KeyAscii As Integer)
If _____＝13 Then        回车符的 ASCII 码是 13
For k＝0 To Combo1. ListCount－1
  If Combo1. Text＝Combo1. List(k)Then
    Combo1. Text＝""
    Exit For
  End If
Next k
If Combo1. Text＜＞"" Then
    Combo1. AddItem _____
  End If
End If
End Sub
```

程序的功能是:在组合框的编辑区中输入文本后按回车键,则检查列表中有无与此文本相同的项目,若有,则编辑区中的文本删除;否则把编辑区中的文本添加到列表的尾部。请填空。

8. 在当前目录下有一个名为"myfile. txt"的文本文件,其中有若干行文本。下列程序的功能是读入此文件中的所有文本行,按行计算每行字符的 ASCII 码之和,并显示在窗体上。请填空。

```
Private Sub Command1_Click()
    Dim ch $ ,ascii As Integer
    Open "myfile. txt" For _____ AS ♯1
    While Not EOF(1)
    Line Input♯1. ch
    ascii＝toascii(_____)
    Print ascii
Wend
Close♯1
End Sub
Private Function toascii(mystr $ )As Integer
    n＝0
    For k＝1 To _____
    n＝n＋Asc(Mid(mystr,k,1))
    Next k
    toascii＝n
End Function
```

9. 本程序实现文本加密。先给定序列:a1,a2,…,an,它们的取值范围是 1～n,且互不相同。加密算法是:把原文本中第 k 个字符放到加密后文本的第 ak 个位置处。若原文本长度大于 n,则只对前 n 个字符加密,后面的字符不变;若原文本长度小于 n,则在后面补字符"＊",使文本长度为 n 后再加密。

例如若给定序列 a1,a2,…,a7 分别为 2,5,3,7,6,1,4

当文本为"PROGRAM"时,加密后的文本为"APOMRRG"

当文本为"PROGRAMMING"时,加密后的文本为"APOMRRGMING"

当文本为"THANK"时,加密后的文本为"＊TA＊HKN"

下面的过程 code 实现这一算法。其中参数数组 a()中存放给定序列(个数与数组 a 的元素个数相等)a1,a2,a3,…的值,要加密的文本放在参数变量 mystr 中。过程执行完毕,加密后的文本仍放在变量 mystr 中。请填空。

```
Option Base 1
Private Sub code(a () As Integer, mystr As String)
    Dim ch As String, cl As String
    n = Ubound(a) - Len(mystr)
    If n > 0 Then
        mystr = mystr & string(n, " * ")
    End If
    ch = mystr
    For k = _____ To Ubound(a)
        c1 = Mid(mystr, k, 1)
        n = _____
        Mid $ (ch, n) = c1
    Next k
    mystr = ch
End Sub
```

< 62 >

第8套　笔试考试试题

一、单选题

1. 下列数据结构中,属于非线性结构的是(　　)。

A. 循环队列　　　　　B. 带链队列　　　　　C. 二叉树　　　　　D. 带链栈

2. 下列数据结构中,能够按照"先进后出"原则存取数据的是(　　)。

A. 循环队列　　　　　B. 栈　　　　　C. 队列　　　　　D. 二叉树

3. 对于循环队列,下列叙述中正确的是(　　)。

A. 队头指针是固定不变的　　　　　　　　B. 队头指针一定大于队尾指针

C. 队头指针一定小于队尾指针　　　　　　D. 队头指针可以大于队尾指针,也可以小于队尾指针

4. 算法的空间复杂度是指(　　)。

A. 算法在执行过程中所需要的计算机存储空间　　B. 算法所处理的数据量

C. 算法程序中的语句或指令条数　　　　　　　　D. 算法在执行过程中所需要的临时工作单元数

5. 软件设计中划分模块的一个准则是(　　)。

A. 低内聚低耦合　　　　　　　　　　　　B. 高内聚低耦合

C. 低内聚高耦合　　　　　　　　　　　　D. 高内聚高耦合

6. 下列选项中不属于结构化程序设计原则的是(　　)。

A. 可封装　　　　　　　　　　　　　　　B. 自顶向下

C. 模块化　　　　　　　　　　　　　　　D. 逐步求精

7. 软件详细设计产生的图如下:

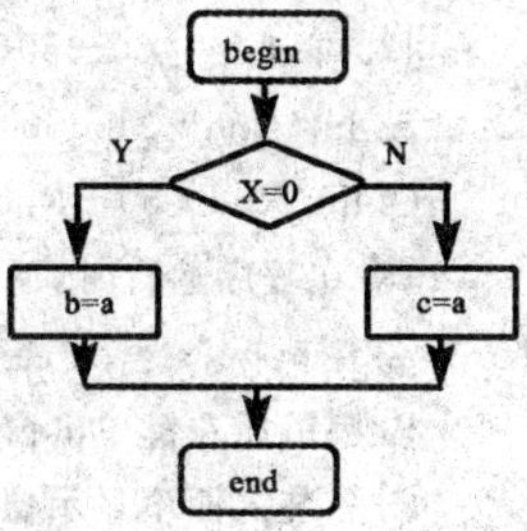

该图是(　　)。

A. N－S图

B. PAD图

C. 程序流程图

D. E－R图

8. 数据库管理系统是(　　)。

A. 操作系统的一部分　　　　　　　　　　B. 在操作系统支持下的系统软件

C. 一种编译系统　　　　　　　　　　　　D. 一种操作系统

9. 在E－R图中,用来表示实体联系的图形是(　　)。

A. 椭圆形　　　　　　　　　　　　　　　B. 矩形

C. 菱形　　　　　　　　　　　　　　　　D. 三角形

10. 有三个关系R、S和T如下:

	R				S				T		
A	B	C		A	B	C		A	B	C	
a	1	2		d	3	2		a	1	2	
b	2	1						b	2	1	
c	3	1						c	3	1	
								d	3	2	

其中关系T由关系R和S通过某种操作得到,该操作为(　　)。

A. 选择　　　　　B. 投影　　　　　C. 交　　　　　D. 并

11. 以下变量名中合法的是(　　)。

A. x2－1　　　　　B. print　　　　　C. str_n　　　　　D. 2x

12. 把数学表达式 5x＋32y－6 表示为正确的 VB 表达式应该是(　　)。

A. (5x＋3)/(2y－6)　　　　　　　　　　B. x＊5＋3/2＊y－6

C. (5＊x＋3)÷(2＊y－6)　　　　　　　　D. (x＊5＋3)/(y＊2－6)

13. 下面有关标准模块的叙述中,错误的是(　　)。

A. 标准模块不完全由代码组成,还可以有窗体

B. 标准模块中的 Private 过程不能被工程中的其他模块调用

C. 标准模块的文件扩展名为. bas

D. 标准模块中的全局变量可以被工作中任何模块引用

14. 下面控件中,没有 Caption 属性的是(　　)。

A. 复选框　　　　　　B. 单选按钮　　　　　　C. 组合框　　　　　　D. 框架

15. 用来设置文字字体是否斜体的属性是(　　)。

A. FontUnderline　　　　　　　　　　　B. FontBold

C. FontSlope　　　　　　　　　　　　　D. FontItalic

16. 若看到程序中有以下事件过程,则可以肯定的是,当程序运行时(　　)。

Private Sub Click_MouseDown (Button As Integer, Shift As Integer, X As Single, Y As Single)

Print "VB Program"

End Sub

A. 用鼠标左键单击名称为"Command1"的命令按钮时,执行此过程

B. 用鼠标左键单击名称为"MouseDown"的命令按钮时,执行此过程

C. 用鼠标右键单击名称为"MouseDown"的命令按钮时,执行此过程

D. 用鼠标左键或右键单击名称为"Click"的命令按钮时,执行此过程

17. 可以产生 30－50(含 30 和 50)之间的随机整数的表达式是(　　)。

A. Int(Rnd ＊ 21＋30)　　　　　　　　　B. Int(Rnd ＊ 20＋30)

C. Int(Rnd ＊ 50－Rnd ＊ 30)　　　　　D. Int(RND ＊ 30＋50)

18. 在程序运行时,下面的叙述中正确的是(　　)。

A. 用鼠标右键单击窗体中任何无控件部分,会执行窗体的 Form_Load 事件过程

B. 用鼠标左键单击窗体的标题栏,会执行窗体的 Form_Click 事件过程

C. 只装入而不显示窗体,也会执行窗体的 Form_Load 事件过程

D. 装入窗体后,每次显示该窗体时,都会执行窗体的 Form_Click 事件过程

19. 窗体上有名称为 Command1 的命令按钮和名称为 Text1 的文本框

Private Sub Command1_Click()

　　Text1. Text＝"程序设计"

　　Text1. SeFocus

End Sub

Private Sub Text1_GotFocus()

　　Text1. Text＝"等级考试"

End Sub

运行以下程序,单击命令按钮后(　　)。

A. 文本框中显示的是"程序设计",且焦点在文本框中

B. 文本框中显示的是"等级考试",且焦点在文本框中

C. 文本框中显示的是"程序设计",且焦点在命令按钮上

D. 文本框中显示的是"等级考试",且焦点在命令按钮上

20. 窗体上有名称为 Option1 的单选按钮,且程序中有语句:

If Option1. Value＝True Then

下面语句中与该语句不等价的是(　　)。

A. If Option1. Value Then
B. If Option1＝True Then
C. If Value＝True Then
D. If Option1 Then

21. 设窗体上有 1 个水平滚动条,已经通过属性窗口把它的 Max 属性设置为 1,Min 属性设置为 100。下面叙述中正确的是(　　)。

　　A. 程序运行时,若使滚动块向左移动,滚动条的 Value 属性值就增加

　　B. 程序运行时,若使滚动块向左移动,滚动条的 Value 属性值就减少

　　C. 由于滚动条的 Max 属性值小于 Min 属性值,程序会出错

　　D. 由于滚动条的 Max 属性值小于 Min 属性值,程序运行时滚动条的长度会缩为一点,滚动块无法移动

22. 有如下过程代码:

```
Sub var_dim()
  static numa As Integer
  Dim numb As Integer
  numa＝numa＋2
  numb＝numb＋1
  print numa；mub
End Sub
```

连续 3 次调用 var_dim 过程,第 3 次调用时的输出是(　　)。

A. 2　1
B. 2　3
C. 6　1
D. 6　3

23. 在窗体上画 1 个命令按钮,并编写如下事件过程:

```
private Sub Command1_Click()
  For i＝5 To 1 Step −0.8
    Print Int(i)；
  Next i
End Sub
```

运行程序,单击命令按钮,窗体上显示的内容为(　　)。

A. 5　4　3　2　1　1
B. 5　4　3　2　1
C. 4　3　2　1　1
D. 4　4　3　2　1　1

24. 在窗体上画 1 个命令按钮,并编写如下事件过程:

```
Private Sub Command1_Click()
  Dim a(3,3)
  For m＝1 To 3
    For n＝1 To 3
      If n＝m or n＝4−m Then
        a(m,n)＝m＋n
      Else
        a(m,n)＝0
      End If
      Print a(m,n)；
    Next n
    Print
  Next m
End Sub
```

运行程序,单击命令按钮,窗体上显示的内容为(　　)。

A. 2　0　0
　　0　4　0
　　0　0　6

B. 2　0　4
　　0　4　0
　　4　0　6

C. 2　3　0
　　3　4　0
　　0　0　6

D. 2　0　0
　　0　4　5
　　0　5　6

25. 设有以下函数过程:

```
Function fun(a As Integer,b As Integer)
    Dim c As Integer
    If a<b Then
        c=a：a=b：b=c
    End If
    c=0
    Do
        c=c+a
    Loop Until c Mod b=0
    fun=c
End Function
```

若调用函数 fun 时的实际参数都是自然数,则函数返回的是(　　)。

A. a、b 的最大公约数 　　　　　　　　　　　B. a、b 的最小公倍数

C. a 除以 b 的余数 　　　　　　　　　　　　D. a 除以 b 的商的整数部分

26. 窗体上有 1 个名称为 Text1 的文本框;1 个名称为 Timer1 的计时器控件,其 Interval 属性值为 5000,Enabled 属性值是 True。Timer1 的事件过程如下:

```
Private Sub Timer1_Timer()
    Static Flag As Integer
    If Flag=0 Then Flag=1
    Flag=-Flag
    If Flag=1 Then
        Text1.ForeColor=&HFF&      '&HFF&为红色
    Else
        Text1.ForeColor=&HCOO&      '&HCOO&为绿色
    End If
End Sub
```

以下叙述中正确的是(　　)。

A. 每次执行此事件过程时,Flag 的初始值均为 0

B. Flag 的值只可能取 0 或 1

C. 程序执行后,文本框中的文字每 5 秒改变一次颜色

D. 程序有逻辑错误,Else 分支总也不能被执行

27. 为计算 $1+2+2^2+2^3+2^4+\cdots+2^{10}$ 的值,并把结果显示在文本框 Text1 中,若编写如下事件过程:

```
Private Sub Command1_Click()
    Dim a%,s%,k%
    s=1
    a=2
    For k=2 To 10
        a=a*2
        s=s+a
    Next k
        Text1.Text=s
End Sub
```

执行此事件过程后发现结果是错误的,为能够得到正确结果,应做的修改是(　　)。

A. 把 s=1 改为 s=0

B. 把 For k＝2 To 10 改为 For k＝1 To 10

C. 交换语句 s＝s＋a 和 a＝a＊2 的顺序

D. 同时进行 B、C 两种修改

28. 标准模块中有如下程序代码：

Public x As Integer,y As Integer

Sub var_pub()

   x＝10;y＝20

End Sub

在窗体上有 1 个命令按钮,并有如下事件过程：

Private Sub Command1_Click()

  Dim x As Integer

  Call var_pub

  x＝x＋100

  y＝y＋100

  Print x;y

End Sub

运行程序后单击命令按钮,窗体上显示的是(   )。

A. 100   100   B. 100   120   C. 110   100   D. 110   120

29. 设 a、b 都是自然数,为求 a 除以 b 的余数,某人编写了以下函数：

Function fun(a As Integer,b As Integer)

  While a＞b

    a＝a－b

  Wend

    fun＝a

End Function

在调试时发现函数是错误的。为使函数能产生正确的返回值,应做的修改是(   )。

A. 把 a＝a－b 改为 a＝b－a   B. 把 a＝a－b 改为 a＝a\b

C. 把 While a＞b 改为 While a＜b   D. 把 While a＞b 改为 While a＞＝b

30. 下列关于通用对话框 CommonDialog1 的叙述中,错误的是(   )。

A. 只要在"打开"对话框中选择了文件,并单击"打开"按钮,就可以将选中的文件打开

B. 使用 CommoDialog1. ShowColor 方法,可以显示"颜色"对话框

C. CancelError 属性用于控制用户单击"取消"按钮关闭对话框时,是否显示出错警告

D. 在显示"字体"对话框前,必须先设置 CommonDialog1 的 Flags 属性,否则会出错

31. 在利用菜单编辑器设计菜单时,为了把组合键"Alt＋X"设置为"退出(X)"菜单项的访问键,可以将该菜单项的标题设置为(   )。

A. 退出(X&)   B. 退出(&X)   C. 退出(X♯)   D. 退出(♯X)

32. 在窗体上画 1 个命令按钮和 1 个文本框,其名称为 Command1 和 Text1,再编写如下程序：

Dim ss As String

Private Sub Text1_KeyPress(KeyAscii As Integer)

  If Chr (KeyAscii)＜＞"" Then ss＝ss＋Chr(KeyAscii)

End Sub

Private Sub Command1_Click()

  Dim m As String,i As Integer

  For i＝Len(ss) To 1 Step －1

    m＝m＋Mid(ss,i,1)

```
    Next
    Text1. Text＝UCase(m)
End Sub
```

程序运行后,在文本框中输入"Number 100",并单击命令按钮,则文本框中显示的就是(   )。

A. NUMBER 100

B. REBMUN

C. REBMUN 100

D. 001 REBMUN

33. 窗体的左右两端各有一条直线,名称分别为 Line1、Line2;名称为 Shape1 的圆靠在左边的 Line1 直线上(见下图);另有 1 个名称为 Timer1 的计时器控件,其 Enabled 属性值是 True。要求程序运行后,圆每秒向右移动 100,当圆遇到 Line2 时则停止移动。为实现上述功能,某人把计时器的 Interval 属性设置为 1000,并编写了如下程序:

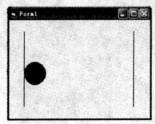

```
Private Sub Timer1_Timer()
    For k＝Line1. X1 To Line2. X1 Step 100
        If Shape1. Left＋Shape1. width＜Line2. X1 Then
            Shape1. Left＝Shape1. Left＋100
        End If
    Next k
End Sub
```

运行程序时发现圆立即移动到了右边的直线处,与题目要求的移动方式不符。为得到与题目要求相符的结果,下面修改方案中正确的是(   )。

A. 把计时器的 Interval 属性设置为 1

B. 把 For k＝line1. X1 To Line2. X1 Step 100 和 Next k 两行删除

C. 把 For k＝Line1. X1 To Line2. X1 Step 100 改为 For k＝Line2. X1 To Line1. X1 Step 100

D. 把 If Shape1. Left＋Shepe1. Width＜Line2. X1 Then 改为 If Shape1. Left＜Line2. X1 Then

34. 下列有关文件叙述中,正确的是(   )。

A. 以 Output 方式打开一个不存在的文件时,系统将显示出错信息

B. 以 APPend 方式打开的文件,既可以进行读操作,也可以进行写操作

C. 在随机文件中,每个记录的长度是固定的

D. 无论是顺序文件还是随机文件,其打开的语句和打开方式都是完全相同的

35. 窗体如下图左图所示。要求程序运行时,在文本框 Text1 中输入一个姓氏,单击"删除"按钮(名称为 Command1),则可删除列表框 List1 中所有该姓氏的项目。若编写以下程序来实现如此功能:

```
Private Sub Command1_Click()
    Dim n％,k％
    n＝Len(Text1. Text)
    For k＝0 To List1. ListCount－1
        If Left(List1. List(k),n)＝Text1. Text Then
            List1. RemoveItem k
        End If
    Next k
End Sub
```

在调试时发现,如输入"陈",可以正确删除所有姓"陈"的项目,但输入"刘",则只删除了"刘邦"、"刘备"2 项,结果如下图

右图所示。这说明程序不能适应所有情况,需要修改。正确的修改方案是把 For k=0 To List1. ListCount−1 改为( )。

    A. For k=List1. ListCount−1 To 0 Step −1

    B. For k=0 To List1. ListCount

    C. For k=1 To List1. ListCount−1

    D. For k=1 To List1. ListCount

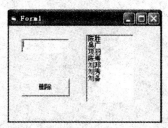 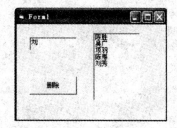

二、填空题

1.某二叉树有 5 个度为 2 的结点以及 3 个度为 1 的结点,则该二叉树中共有_____个结点。

2.程序流程图中的菱形框表示的是_____。

3.软件开发过程主要分为需求分析、设计、编码与测试四个阶段,其中_____阶段产生"软件需求规格说明书"。

4.在数据库技术中,实体集之间的联系可以是一对一或一对多或多对多的,那么"学生"和"可选课程"的联系为_____。

5.人员基本信息一般包括:身份证号,姓名,性别,年龄等。其中可以作为主关键字的是_____。

6.工程中有 Form1、Form2 两个窗体。Form1 窗体外观如下图左图所示。程序运行时,在 Form1 中名称为 Text1 的文本框中输入一个数值(圆的半径),然后单击命令按钮"计算并显示"(其名称为 Command1),则显示 Form2 窗体,且根据输入的圆半径计算圆的面积,并在 Form2 的窗体上显示出来,如下图右图所示。如果单击命令按钮时,文本框中输入的不是数值,则用信息框显示"请输入数值数据"。请填空。

```
Private Sub Command1_Click()
  If Text1. Text="" Then
    MsgBox "请输入半径!"
  Else If Not IsNumeric(_____)Then
    MsgBox "请输入数值数据!"
  Else
    r=Val( )
    Form2. show
    _____. Print"圆的面积是"&3.14 * r * r&
  End If
End Sub
```

7.设有整型变量 s,取值范围为 0~100,表示学生的成绩。有如下程序序段:

```
If s>=90 Then
  Level="A"
Else If s>=75 Then
  Level="B"
Else If s>=60 Then
```

```
        Level="C"
Else
        Level="D"
End If
```

下面用 Select Case 结构改写上述程序,使两段程序所实现的功能完全相同。请填空。

```
Select Case s
Case _____>=90
        Level="A"
Case 75 To 89
        Level="B"
Case 60 To 74
        Level="C"
Case _____
        Level="D"
```

_____

8. 窗体上有名称为 Command1 的命令按钮事件过程及 2 个函数过程如下:

```
Private Sub Command1_Click()
    Dim x As Integer,y As Integer,z
    x=3
    y=5
    z=fy(y)
    Print fx(fx(x)),y
End Sub
Function fx(ByVal a As Integer)
    a=a+a
    fx=a
End Function
    fy=a
Function fy(ByRef a As Integer)
    a=a+a
    fy=a
End Function
```

运行程序,并单击命令按钮,则窗体上显示的 2 个值依次是_____和_____。

9. 窗体有名称为 Command1 的命令按钮及名称为 Text1、能显示多行文本的文本框。程序运行后,如果单击命令按钮,则可打开磁盘文件 c:\test.txt,并将文件中的内容(多行文本)显示在文本框中。下面是实现此功能的程序,请填空。

```
Private Sub Command1_Click()
    Text1=""
Number=FreeFile
Open "c:\test.txt" For Input As Number
Do while Not EOF(_____)
    Line Input # Number,s
    Text1.Text=Text1.Text+_____+Chr(13)+Chr(10)
Loop
    Close Number
End Sub
```

第9套 笔试考试试题

一、单选题

1.下列叙述中正确的是( )。

A.对长度为 n 的有序链表进行查找,最坏情况下需要的比较次数为 n

B.对长度为 n 的有序链表进行对分查找,最坏情况下需要的比较次数为(n/2)

C.对长度为 n 的有序链表进行对分查找,最坏情况下需要的比较次数为(log2n)

D.对长度为 n 的有序链表进行对分查找,最坏情况下需要的比较次数为(nlog2n)

2.算法的时间复杂度是指( )。

A.算法的执行时间　　　　　　　　　　B.算法所处理的数据量

C.算法程序中的语句或指令条数　　　　D.算法在执行过程中所需要的基本运算次数

3.软件按功能可以分为:应用软件、系统软件和支撑软件(或工具软件),下面属于系统软件的是( )。

A.编辑软件　　　　　　　　　　　　　B.操作系统

C.教务管理系统　　　　　　　　　　　D.浏览器

4.软件(程序)调试的任务是( )。

A.诊断和改正程序中的错误　　　　　　B.尽可能多地发现程序中的错误

C.发现并改正程序中的所有错误　　　　D.确定程序中错误的性质

5.数据流程图(DFD 图)是( )。

A.软件概要设计的工具　　　　　　　　B.软件详细设计的工具

C.结构化方法的需求分析工具　　　　　D.面向对象方法的需求分析工具

6.软件生命周期可分为定义阶段、开发阶段和维护阶段。详细设计属于( )。

A.定义阶段　　　　　　　　　　　　　B.开发阶段

C.维护阶段　　　　　　　　　　　　　D.上述三个阶段

7.数据库管理系统中负责数据模式定义的语言是( )。

A.数据定义语言　　　　　　　　　　　B.数据管理语言

C.数据操纵语言　　　　　　　　　　　D.数据控制语言

8.在学生管理的关系数据库中,存取一个学生信息的数据单位是( )。

A.文件　　　　　　　　　　　　　　　B.数据库

C.字段　　　　　　　　　　　　　　　D.记录

9.数据库设计中,用 E-R 图来描述信息结构但不涉及信息在计算机中的表示,它属于数据库设计的( )。

A.需求分析阶段　　　　　　　　　　　B.逻辑设计阶段

C.概念设计阶段　　　　　　　　　　　D.物理设计阶段

10.有两个关系 R 和 T 如下:

R				T		
A	B	C		A	B	C
a	1	2		c	3	2
b	2	2		d	3	2
c	3	2				
d	3	2				

则由关系 R 得到关系 T 的操作是( )。

A.选择　　　　　B.投影　　　　　C.交　　　　　D.并

11. 在 VB 集成环境中要结束一个正在运行的工程，可单击工具栏上的一个按钮，这个按钮是(　　)。

A. [image]　　　　　　B. ▶　　　　　　C. [image]　　　　　　D. ■

12. 设 x 是整型变量，与函数 IIf(x>0,−x,x)有相同结果的代数式是(　　)。

A. |x|　　　　　　　　　　　　　　B. −|x|

C. x　　　　　　　　　　　　　　D. −x

13. 设窗体文件中有下面的事件过程：

Private sub Command1_Click()

　　Dim s

　　a%＝100

　　Print a

End Sub

其中变量 a 和 s 的数据类型分别是(　　)。

A. 整型,整型　　　　　　　　　　B. 变体型,变体型

C. 整型,变体型　　　　　　　　　D. 变体型,整型

14. 下面(　　)属性肯定不是框架控件的属性。

A. Text　　　　　　　　　　　　B. Caption

C. Left　　　　　　　　　　　　D. Enabled

15. 下面不能在信息框中输出"VB"的是(　　)。

A. MsgBox"VB"　　　　　　　　　B. MsgBox("VB")

C. MsgBox("VB")　　　　　　　　D. Call MsgBox "VB"

16. 窗体上有一个名称为 Option1 的单选按钮控件，当程序运行，并单击某个单选按钮时，会调用下面的事件过程：

Private Sub Option1_Click (Index As Integer)

…

End Sub

下面关于此过程的参数 Index 的叙述中正确的是(　　)。

A. Index 为 1 表示单选按钮被选中,为 0 表示未选中

B. Index 的值可正可负

C. Index 的值用来区分哪个单选按钮被选中

D. Index 表示数组中单选按钮的数量

17. 设窗体中有一个文本框 Text1,若在程序中执行了 Text1.SetFocus,则触发(　　)。

A. Text1 的 SetFocus 事件　　　　　B. Text1 的 GotFocus 事件

C. Text1 的 LostFocus 事件　　　　　D. 窗体的 GotFocus 事件

18. VB 有 3 个键盘事件:KeyPress、KeyDown、KeyUp,若光标在 Text1 文本框中,则每输入一个字母(　　)。

A. 这 3 个事件都会触发　　　　　　B. 只触发 KeyPress 事件

C. 只触发 KeyDown、KeyUp 事件　　　D. 不触发其中任何一个事件

19. 下面关于标准模块的叙述中错误的是(　　)。

A. 标准模块中可以声明全局变量

B. 标准模块中可以包含一个 Sub Main 过程,但此过程不能被设置为启动过程

C. 标准模块中可以包含一些 Public 过程

D. 一个过程中可以包含有多个标准模块

20. 设窗体的名称为 Form1,标题为 Win,则窗体的 MouseDown 事件过程的过程名是(　　)。

A. Form1_MouseDown　　　　　　　B. Win_MouseDown

C. Form_MouseDown　　　　　　　D. MouseDown_Form1

21. 下面正确使用动态数组的是( )。

A. Dim arr()As Integer

...

ReDim arr(3,5)

B. Dim arr()As Integer

...

ReDim arr(50)As String

C. Dim arr()

...

ReDim arr(50)As Integer

D. Dim arr(50)As Integer

...

ReDim arr(20)

22. 下面是求最大公约数的函数的首部:

Function gcd(ByVal x As Integer,ByVal y As Integer)As Integer

若要输出 8、12、16 这 3 个数的最大公约数,下面正确的语句是( )。

A. Print gcd(8,12),gcd(12,16),gcd(16,8)

B. Print gcd(8,12,16)

C. Print gcd(8),gcd(12),gcd(16)

D. Print gcd(8,gcd(12,16))

23. 有下面的程序段,其功能是按下图左图所示的规律输出数据:

Dim a(3,5)As Integer

For i=1 To 3

  For j=1 To 5

    a(i,j)=i+j

    Print a(i,j);

  Next

  Print

Next

若要按下图右图所示的规律继续输出数据,则接在上述程序段后面的程序段应该是( )。

A. For i=1 To 5   For j=1 To 3

      Print a(j,i);

    Next

    Print

  Next

B. B. For i=1 To 3

    For j=1 To 5

      Print a(j,i);

    Next

    Print Next

C. For j=1 To 5

    For i=1 To 3

      Print a(j,i);

    Next

    Print

  Next

D. For i=1 To 5

    For jW=1 To 3

      Print a(i,j);

    Next

    Print

  Next

24. 窗体上有一个 Text1 文本框,一个 Command1 命令按钮,并有以下程序:

```
Private Sub Command1_Click()
  Dim n
  If Text1. Text<>"123456"Then
    n=n+1
    Print "口令输入错误" & n & "次"
  End If
End Sub
```

234
345
456
567
678

23456
34567
45678

希望程序运行时得到左图所示的效果,即:输入口令,单击"确定口令"命令按钮,若输入的口令不是"123456",则在窗体上显示输入错误口令的次数。但上面的程序实际显示的是右图所示的效果,程序需要修改。下面修改方案中正确的是( )。

A. 在 Dim n 语句的下面添加一句:n=0

B. 把 Print"口令输入错误"&n&"次"改为 Print"口令输入错误"+n+"次"

C. 把 Print"口令输入错误"&n&"次"改为 Print"口令输入错误"& Str(n)&"次"

D. 把 Dim n 改为 Static n

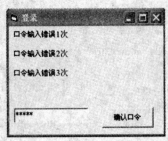 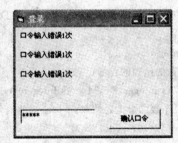

25. 要求当鼠标在图片框 P1 中移动时,立即在图片框中显示鼠标的位置坐标。下面能正确实现上述功能的事件过程是（　　）。

A. Private Sub P1_MouseMove(Button As Integer,Shift As Integer, X As Single, Y As Single)

　　Print X Y

　End Sub

B. Private Sub P1_MouseDown(Button As Integer,Shift As Integer,X As Single,Y As Single)

　　Picture. Print X,Y

　End Sub

C. Private Sub P1_MouseMove(Button As Integer,Shift As Integer,X As Single,Y As Single)

　　P1. Print X,Y

　End Sub

D. Private Sub Form_MouseMove(Button As Integer,Shift As Integer,X As Single,Y As Single)

　　P1. Print X,Y

　End Sub

26. 计算的近似值的一个公式是 $\pi/4=1-13+15-17+\cdots+(-1)n-112n-1$。

某人编写下面的程序用此公式计算并输出的近似值:

```
Private Sub Command1_Click()
    PI=1
    Sign=1
    n=20000
    For k=3 To n
      Sign=-Sign
        PI=PI+Sign/k
    Next k
    Print PI * 4
End Sub
```

运行后发现结果为 3.22751,显然程序需要修改。下面修改方案中正确的是（　　）。

A. 把 For k=3 To n 改为 For k=1 To n

B. 把 n=20000 改为 n=20000000

C. 把 For k=3 To n 改为 For k=3 To n Step 2

D. 把 PI=1 改为 P1=0

27. 下面程序计算并输出的是（　　）。

```
Private Sub Command1_Click()
    a=10
    s=0
    Do
```

```
    s＝s＋a＊a＊a
    a＝a－1
  Loop Until a ＜＝0
  Print s
End Sub
```

A. 13＋23＋33＋…＋103 的值

B. 10！＋…＋3！＋2！＋1！的值

C. (1＋2＋3＋…＋10)3 的值

D. 10 个 103 的和

28.若在窗体模块的声明部分声明了如下自定义类型和数组：

```
Private Type rec
   Code As Integer
   Caption As String
End Type
Dim arr(5) As rec
```

则下面的输出语句中正确的是（　　）。

A. Print arr. Code(2),arr. Caption(2)

B. Print arr. Code,arr. Caption

C. Print arr(2). Code,arr(2). Caption

D. Print Code(2). Caption(2)

29.设窗体上有一个通用对话框控件 CD1,希望在执行下面程序时,打开如下图所示的文件对话框：

```
Private Sub Command1_Click()
  CD1. DialogTitle＝"打开文件"
  CD1. InitDir＝"C:\"
  CD1. Filter＝"所有文件|＊.＊|Word 文档|＊.doc|文本文件|＊.txt"
  CD1. FileName＝""
  CD1. Action＝1
  If CD1. FileName＝""Then
    Print"未打开文件"
  Else
    Print"要打开文件"& CD1. FileName
```

　　End If

End Sub

但实际显示的对话框中列出了 C:\下的所有文件和文件夹,"文件类型"一栏中显示的是"所有文件"。下面的修改方案中正确的是(　　　)。

　　A. 把 CD1. Action=1 改为 CD1. Action=2

　　B. 把"CD1. Filter="后面字符串中的"所有文件"改为"文本文件"

　　C. 在语句 CD1. Action=1 的前面添加:CD1. FilterIndex=3

　　D. 把 CD1. FileName="" 改为 CD1. FileName="文本文件"

30. 下面程序运行时,若输入 395,则输出结果是(　　　)。

```
Private Sub Command1_Click()
    Dim x%
    x=InputBox("请输入一个 3 位整数")
    Print x Mod 10,x/100,(x Mod 100)/10
End Sub
```

　　A. 3　9　5　　　　　　　　　　　　　　　　B. 5　3　9

　　C. 5　9　3　　　　　　　　　　　　　　　　D. 3　5　9

31. 窗体上有 List1、List2 两个列表框,List1 中有若干列表项(见右图),并有下面的程序:

```
Private Sub Command1_Click()
    For k=List1. ListCout-1 To 0 Step-1
        If List1. Selected(k) Then
            List2. AddItem List1. List(k)
            List1. RemoveItem k
        End If
    Next k
End Sub
```

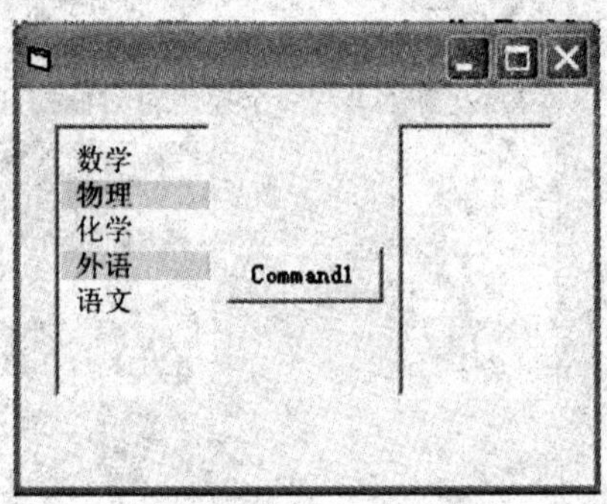

程序运行时,按照图示在 List1 中选中 2 个列表项,然后单击 Command1 命令按钮,则产生的结果是(　　　)。

　　A. 在 List2 中插入了"外语"、"物理"两项

　　B. 在 List1 中删除了"外语"、"物理"两项

　　C. 同时产生 A 和 B 的结果

　　D. 把 List1 中最后 1 个列表项删除并插入到 List2 中

32. 设工程中有 2 个窗体:Form1、Form2、Form1 为启动窗体。Form2 中有菜单,其结构如表所示。要求在程序运行时,在 Form1 的文本框 Text1 中输入口令并按回车键(回车键的 Ascii 码为 13)后,隐藏 Form1,显示 Form2。若口令为"Teacher",所有菜单项都可见,否则看不到"成绩录入"菜单项。为此,某人在 Form1 窗体文件中编写如下程序:

```
Private Sub Text 1_KeyPress(KeyAscii As Integer)
    If KeyAscii=13 Then
        If Text1. Text="Teacher" Then
            Form2. Input. Visible=True
        Else
            Form2. Input. Visible=False
        End If
    End If
    Form1. Hide
    Form2. Show
End Sub
```

菜单结构

标题	名称	级别
成绩管理	mark	1
成绩查询	query	2
成绩录入	input	3

程序运行时发现刚输入口令时就隐藏了 Form1,显示了 Form2,程序需要修改。下面修改方案中正确的是(　　)。

A. 把 Form1 中 Text1 文本框及相关程序放到 Form2 窗体中

B. 把 Form1. Hide、Form2. Show 两行移动至 2 个 End If 之间

C. 把 If KeyAscii=13 Then 改为 If KeyAscii="Teacher" Then

D. 把 2 个 Form2. Input. Visible 中的"Form2."删去

33. 某人编写了下面的程序,希望能把 Text1 文本框中的内容写到 out. txt 文件中:

```
Private Sub Command1_Click()
    Open "out. txt" For Output As #2
    Print "Text1"
    Close #2
End Sub
```

调试时发现没有达到目的,为实现上述目的,应做的修改是(　　)。

A. 把 Print "Text1"改为 Print #2,Text1
B. 把 Print "Text1"改为 Print Text1

C. 把 Print "Text1"改为 Write "Text1"
D. 把所有 #2 改为 #1

34. 窗体上有一个名为 Command1 的命令按钮,并有下面的程序:

```
Private Sub Command1_Click()
    Dim arr(5) As Integer
    For k=1 To 5
      arr(k)=k
    Next k
    prog arr()
    For k=1 To 5
      Print arr(k);
    Next k
End Sub
Sub prog(a() As Integer)
    n=UBound(a)
    For i=n To 2 step-1
      For j=1 To n-1
        if a(j)<a(j+1) Then
          t=a(j);a(j)=a(j+1);a(j+1)=t
        End If
      Next j
    Next i
End Sub
```

程序运行时,单击命令按钮后显示的是(　　)。

A. 12345　　　　　B. 54321　　　　　C. 01234　　　　　D. 43210

35. 下面程序运行时,若输入"Visual Basic Programming",则在窗体上输出的是(　　)。

```
Private Sub Command1_Click()
    Dim count(25) As Integer, ch As String
    ch=Ucase(InputBox("请输入字母字符串"))
    For k=1 To Len(ch)
      n=Asc(Mid(ch, k, 1))-Asc("A")
      If n>=0 Then
        count(n)=count(n)+1
```

```
        End If
      Next k
      m＝count(0)
      For k＝1 To 25
        If m＜count (k) Then
           m＝count(k)
        End If
      Next k
      Print m
    End Sub
```

 A. 0   B. 1   C. 2   D. 3

二、填空题

 1. 一个队列的初始状态为空。现将元素 A,B,C,D,E,F,5,4,3,2,1 依次入队,然后再依次退队则元素退队的顺序为_____。

 2. 设某循环队列的容量为50,如果头指针 front＝45(指向队头元素的前一位置),尾指针 rear＝10(指向队尾元素),则该循环队列中共有_____个元素。

 3. 设二叉树如下:

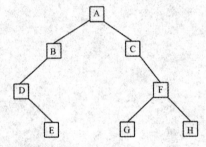

 对该二叉树进行后序遍历的结果为_____。

 4. 软件是_____、数据和文档的集合。

 5. 有一个学生选课的关系,其中学生的关系模式为:学生(学号,姓名,班级,年龄),课程的关系模式为:课程(课号,课程名,学时),其中两个关系模式的键分别是学号和课号,则关系模式选课可定义为:选课(学号,_____,成绩)。

 6. 为了使复选框禁用(即呈现灰色),应把它的 Value 属性设置为_____。

 7. 在窗体上画一个标签、一个计时器和一个命令按钮,其名称分别为 Label1、Timer1 和 Command1,如下图左图所示。程序运行后,如果单击命令按钮,则标签开始闪烁,每秒钟"欢迎"二字显示、消失各一次,如下图右图所示。以下是实现上述功能的程序,请填空。

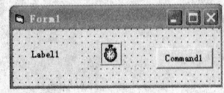 

```
    Private Sub Form_Load()
      Label1. Caption＝"欢迎"
      Timer1. Enabled＝False
      Timer1. Interval＝_____
      Command1. Caption＝"开始闪烁"
    End Sub
    Private Sub Timer1_Timer()
      Label1. Visible＝_____
```

End Sub

Private Sub Command1_Click()

_____

End Sub

8.有如下程序：

```
Private Sub Form_Click()
    n＝10
    i＝0
    Do
    i＝i＋n
    n＝n－2
    Loop While n＞2
    Print i
End Sub
```

程序运行后,单击窗体,输出结果为_____。

9.在窗体上画一个名称为 Command1 的命令按钮,然后编写如下程序：

```
Option Base 1
Private Sub Command1_Click()
    Dim a(10) As Integer
    For i＝1 To 10
        a(i)＝i
    Next
    Call swap(_____)
    For i＝1 To 10
        Print a(i);
    Next
End Sub
Sub swap(b ( ) As Integer)
    n＝Ubound(b)
    For i＝1 To n/2
        t＝b(i)
        b(i)＝b(n)
        b(n)＝t
        _____
    Next
End Sub
```

上述程序的功能是,通过调用过程 swap,调换数组中数值的存放位置,即 a(1)与 a(10)的值互换,a(2)与 a(9)的值互换……。请填空。

10.在窗体上画一个文本框,其名称为 Text1,在属性窗口中把该文本框的 MultiLine 属性设置为 True,然后编写如下的事件过程：

```
Private Sub Form_Click()
    Open "d:\test\smtext1. txt" For Input As ＃1
    Do While Not _____
    Line Input ＃1,aspects
    wholes＝wholes＋aspects＋Chrs(13)＋Chrs(10)
```

```
    Loop
    Text1. Text＝wholes

    _____
    Open "d:\test\smtext2. txt" For Output As ＃1
    Print ＃1,_____;
    Close ＃1
End Sub
```

　　运行程序,单击窗体,将把磁盘文件 smtext1. txt 的内容读到内存并在文本框中显示出来,然后把该文本框中的内容存入磁盘文件 smtext2. txt。请填空。

< 80 >

第10套 笔 试 考 试 试 题

一、单选题

1.下列叙述中中正确的是( )。

A.线性表的链式存储结构与顺序存储结构所需要的存储空间是相同的

B.线性表的链式存储结构所需要的存储空间一般要多于顺序存储结构

C.线性表的链式存储结构所需要的存储空间一般要少于顺序存储结构

D.上述三种说法都不对

2.下列叙述中正确的是( )。

A.在栈中,栈中元素随栈底指针与栈顶指针的变化而动态变化

B.在栈中,栈顶指针不变,栈中元素随栈底指针的变化而动态变化

C.在栈中,栈底指针不变,栈中元素随栈顶指针的变化而动态变化

D.上述三种说法都不对

3.软件测试的目的是( )。

A.评估软件可靠性   B.发现并改正程序中的错误

C.改正程序中的错误   D.发现程序中的错误

4.下面描述中,不属于软件危机表现的是( )。

A.软件过程不规范   B.软件开发生产率低

C.软件质量难以控制   D.软件成本不断提高

5.软件生命周期是指( )。

A.软件产品从提出、实现、使用维护到停止使用退役的过程

B.软件从需求分析、设计、实现到测试完成的过程

C.软件的开发过程

D.软件的运行维护过程

6.面向对象方法中,继承是指( )。

A.一组对象所具有的相似性质   B.一个对象具有另一个对象的性质

C.各对象之间的共同性质   D.类之间共享属性和操作的机制

7.层次型、网状型和关系型数据库划分原则是( )。

A.记录长度   B.文件的大小

C.联系的复杂程度   D.数据之间的联系方式

8.一个工作人员可以使用多台计算机,而一台计算机可被多个人使用,则实体工作人员与实体计算机之间的联系是( )。

A.一对一   B.一对多

C.多对多   D.多对一

9.数据库设计中反映用户对数据要求的模式是( )。

A.内模式   B.概念模式   C.外模式   D.设计模式

10.有三个关系R、S和T如下:

	R			S		T		
A	B	C		A	D	A	B	C	D

R			S		T			
A	B	C	A	D	A	B	C	D
a	1	2	c	4	c	3	1	4
b	2	1						
c	3	1						

则由关系 R 和 S 得到关系 T 的操作是( )。

A. 自然连接　　　　　B. 交　　　　　C. 投影　　　　　D. 并

11. 在 Visual Basic 集成环境中,要添加一个窗体,可以单击工具栏上的一个按钮,这个按钮是( )。

A. 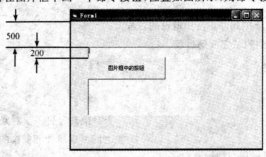　　　　　B. 　　　　　C. 　　　　　D.

12. 在 Visual Basic 集成环境的设计模式下,用鼠标双击窗体上的某个控件打开的窗口是( )。

A. 工程资源管理器窗口　　　　　　　B. 属性窗口

C. 工具箱窗口　　　　　　　　　　　D. 代码窗口

13. 下列叙述中错误的是( )。

A. 列表框和组合框都有 List 属性　　　B. 列表框有 Selected 属性,而组合框没有

C. 列表框和组合框都有 Style 属性　　　D. 组合框有 Text 属性,而列表框没有

14. 设窗体上有一个命令按钮数组,能够区分数组中各个按钮的属性是( )。

A. Name

B. Index

C. Caption

D. Left

15. 滚动条可以响应的事件是( )。

A. Load

B. Scroll

C. Click

D. MouseDown

16. 设 $a=5,b=6,c=7,d=8$,执行语句 $x=IIf((a>b) And(c>d),10,20)$ 后,x 的值是( )。

A. 10

B. 20

C. 30

D. 200

17. 语句 Print Sgn(-6^2)＋Abs(-6^2)＋Int(-6^2) 的输出结果是( )。

A. －36　　　　　B. 1　　　　　C. －1　　　　　D. －72

18. 在窗体上画一个图片框,再在图片框中画一个命令按钮,位置如图所示,则命令按钮的 Top 属性值是( )。

A. 200　　　　　B. 300　　　　　C. 500　　　　　D. 700

19. 在窗体上画一个名称为 Command1 的命令按钮。单击命令按钮时执行如下事件过程:

```
Private Sub Command1_ Click()
    a$ = "software and hardware"
    b$ = Right(a$ ,8)
    c$ = Mid(a$ ,1,8)
    MsgBox a$ , ,b$ ,c$ ,1
End Sub
```

则在弹出的信息框标题栏中显示的标题是( )。

A. software and hardware　　　　　B. hardware

C. software　　　　　　　　　　　D. 1

20. 在窗体上画一个文本框(名称为 Text1)和一个标签(名称为 Label1),程序运行后如果在文本框中输入文本,则标签中立即显示相同的内容。以下可以实现上述操作的事件过程是( )。

A. Private Sub Text1_Change()　　　　B. Private Sub Label1_Change()

　　Label1. Caption=Text1. Text　　　　　　Label1. Caption=Text1. Text

　　End Sub　　　　　　　　　　　　　　End Sub

C. Private Sub Text1_Click()
    Label1. Caption=Text1. text
  End Sub

D. Private Sub Label1_Click()
    Label1. Caption=Text1. Text
  End Sub

21. 以下说法中错误的是(　　　)。

A. 如果把一个命令按钮的 Default 属性设置为 True,则按回车健与单击该命令按钮的作用相同

B. 可以用多个命令按钮组成命令按钮数组

C. 命令按钮只能识别单击(Click)事件

D. 通过设置命令按钮的 Enabled 属性,可以使该命令按钮有效或禁用

22. 以下关于局部变量的叙述中错误的是(　　　)。

A. 在过程中用 Dim 语句或 Static 语句声明的变量是局部变量

B. 局部变量的作用域是它所在的过程

C. 在过程中用 Static 语句声明的变量是静态局部变量

D. 过程执行完毕,该过程中用 Dim 或 Static 语句声明的变量即被释放

23. 以下程序段的输出结果是(　　　)。

x=1
y=4
Do Until y>4
  x=x * y
  y=y+1
Loop
Print x

A. 1   B. 4   C. 8   D. 20

24. 如果执行一个语句后弹出如图所示的窗口,则这个语句是(　　　)。

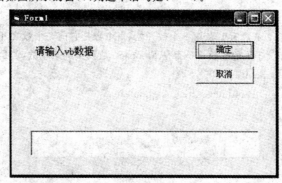

A. InputBox("输入框","请输入 VB 数据")

B. x=InputBox("输入框","请输入 VB 数据")

C. InputBox("请输入 VB 数据","输入框")

D. x=InputBox("请输入 VB 数据","输入框")

25. 有如下事件过程:
Private Sub Form_Click()
  Dim n As Integer
  x=0
n=InputBox("请输入一个整数")
  For i=1 To n
    For j=1 To i
      x=x+1
    Next j

```
    Next i
    Print x
End Sub
```
程序运行后,单击窗体,如果在输入对话框中输入 5,则在窗体上显示的内容是(　　)。

  A. 13   B. 14   C. 15   D. 16

26. 请阅读程序:
```
Sub subP(b() As Integer)
    For i＝1 To4
        b(i)＝2 * i
    Next i
End Sub
Private Sub Command1_Click()
    Dim a(1 To 4)As Integer
    a(1)＝5:a(2)＝6:a(3)＝7:a(4)＝8
subP a()
For i＝1 To 4
    Print a(i)
Next i
End Sub
```
运行上面的程序,单击命令按钮,则输出结果是(　　)。

A. 2	B. 5	C. 10	D. 出错
4	6	12	
6	7	14	
8	8	16	

27. Fibonacci 数列的规律是:前 2 个数为 1,从第 3 个数开始,每个数是它前 2 个数之和,即 1,1,2,3,5,8,13,21,34,55,89,…某人编写了下面的函数,判断大于 1 的整数 x 是否是 Fibonacci 数列中的某个数,若是,则返回 True,否则返回 False。
```
Function Isfab(x As Integer)As Boolean
    Dim a As Integer,b As Integer,c As Integer,flag As Boolean
    flag＝False
    a＝1:b＝1
    Do While x＜b
        c＝a+b
        a＝b
        b＝c
        If x＝b Then flag＝True
    Loop
    Isfab＝flag
End Function
```
测试时发现对于所有正整数 x,函数都返回 False,程序需要修改。下面的修改方案中正确的是(　　)。

A. 把 a＝b 与 b＝c 的位置互换

B. 把 c＝a+b 移到 b＝c 之后

C. 把 Do While x＜b 改为 Do While x＞b

D. 把 If x＝b Then flag＝True 改为 If x＝a Then flag＝True

28. 在窗体上画一个命令按钮,其名称为 Command1,然后编写如下事件过程:
```
Private Sub Command1_Click()
```

```
Dim a$,b$,c$,k%
a="ABCD"
b="123456"
c=""
k=1
Do While k<=Len(a) Or k<=Len(b)
  If k<=Len(a) Then
    c=c&Mid(a,k,1)
  End If
  If k<=Len(b)Then
    c=c&Mid(a,k,1)
  End If
  k=k+1
Loop
Print c
End Sub
```

运行程序,单击命令按钮,输出结果是(　　)。

A. 123456ABCD　　　　　B. ABCD123456　　　　　C. D6C5B4A321　　　　　D. A1B2C3D456

29.请阅读程序:

```
Private Sub Form_Click()
  m=1
  For i=4To 1 Step-1
    Print Str(m);
    m=m+1
    For j=1 To i
      Print "*";
    Next j
    Print
  Next i
End Sub
```

程序运行后,单击窗体,则输出结果是(　　)。

A. 1 * * * *　　　　　　B. 4 * * * *　　　　　C. * * * *　　　　　D. *
   2 * * *　　　　　　 3 * * *　　　　　 * * *　　　　　 * *
   3 * *　　　　　　 2 * *　　　　　 * *　　　　　 * * *
   4 *　　　　　　 1 *　　　　　 *　　　　　 * * * *

30.在窗体上画一个命令按钮(其名称为Command1),然后编写如下代码:

```
Private Sub Command1_Click()
  Dim a
  a=Array(1,2,3,4)
  i=3:j=1
  Do While i>=0
    s=s+a(i)*j
    i=i-1
    j=j*10
  Loop
```

```
    Print s
End Sub
```
运行上面的程序,单击命令按钮,则输出结果是(   )。

A. 4321   B. 123   C. 234   D. 1234

31.下列可以打开随机文件的语句是(   )。

A. Open"file1. dat"For Input As#1

B. Open"file1. dat"For Append As#1

C. Open"file1. dat"For Output As#1

D. Open"file1. dat"For Randow As#1 Len=20

32.有弹出式菜单的结构如下表所示,程序运行时,单击窗体则弹出如下图所示的菜单。下面的事件过程中能正确实现这一功能的是(   )。

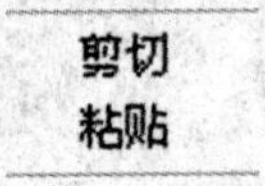

内缩	标题	名称
无	编辑	edit
...	剪切	cut
...	粘贴	paste

剪切
粘贴

```
A. Private Sub Form_Click()
      PopupMenu cut
   End Sub
C. Private Sub Form_Click()
      PopupMenu edit
   End Sub
```

```
B. Private Sub Command1_Click()
      PopupMenu edit
   End Sub
D. Private Sub Form_Click()
      PopupMenu cut
      PopupMenu paste
   End Sub
```

33.请阅读程序:

```
Option Base 1
Private Sub Form_Click()
   Dim Arr(4,4)As Integer
   For i=1 To 4
     For j=1 To 4
       Arr(i,j)=(i-1)*2+j
     Next j
   Next i
   For i=3 To 4
     For j=3 To 4
       Print Arr(j,i)
     Next j
     Print
   Next i
End Sub
```
程序运行后,单击窗体,则输出结果是(   )。

A. 5 7   B. 6 8   C. 7 9   D. 8 10

  6 8   7 9   8 10   8 11

34.下面函数的功能应该是:删除字符串 str 中所有与变量 ch 相同的字符,并返回删除后的结果,例如若 str="ABCD-ABCD",ch="B",则函数的返回值为:"ACDACD"

Function delchar(str As String,ch As String)As String

```
Dim k As Integer,temp As String,ret As String
ret=""
For k=1 To Len(str)
  temp=Mid(str,k,1)
  If temp=ch Then
    ret=ret&temp
  End If
Next k
delchar=ret
End Function
```

但实际上函数有错误,需要修改,下面的修改方案中正确的是(   )。

A. 把 ret=ret&temp 改为 ret=temp   B. 把 If temp=ch Then 改为 If temp<>ch Then

C. 把 delchar=ret 改为 delchar=temp   D. 把 ret=""改为 temp=""

35. 在窗体上画一个命令按钮和两个文本框,其名称分别为 Command1、Text1 和 Text2,在属性窗口中把窗体的 Key-Preview 属性设置为 True,然后编写如下程序:

```
Dim S1 As String,S2 As String
Private Sub Form_Load()
  Text1. Text=""
  Text2. Text=""
  Text1. Enabled=False
  Text2. Enabled=False
End Sub
Private Sub Form_KeyDown(KeyCode As Integer,Shift As Integer)
  S2=S2&Chr(KeyCode)
End Sub
Private Sub Form_KeyPress(KeyAscii As Integer)
  S1=S1&Chr(KeyAscii)
End Sub
Private Sub Command1_Click()
  Text1. Text=S1
  Text2. Text=S2
  S1=""
  S2=""
End Sub
```

程序运行后,先后按"a"、"b"、"c"键,然后单击命令按钮,在文本框 Text1 和 Text2 中显示的内容分别为(   )。

A. abc 和 ABC   B. 空白

C. ABC 和 abc   D. 出错

二、填空题

1. 一个栈的初始状态为空。首先将元素 5,4,3,2,1 依次入栈,然后退栈一次,再将元素 A,B,C,D 依次入栈,之后将所有元素全部退栈,则所有元素退栈(包括中间退栈的元素)的顺序为_____。

2. 在长度为 n 的线性表中,寻找最大项至少需要比较_____。

3. 一棵二叉树有 10 个度为 1 的结点,7 个度为 2 的结点,则该二叉树共有_____个结点。

4. 仅由顺序、选择(分支)和重复(循环)结构构成的程序是_____程序。

5. 数据库设计的四个阶段是:需求分析,概念设计,逻辑设计和_____。

6. 窗体上有一个名称为 Combo1 的组合框,其初始内容为空,有一个名称为 Command1、标题为"添加项目"的命令按钮,程序运行后,如果单击命令按钮,会将给定数组中的项目添加到组合框中,如图所示,请填空。

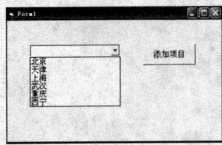

```
Option Base 1
Private Sub Command1_Click()
    Dim city As Variant
    city＝_____("北京","天津","上海","武汉","重庆","西宁")
    For i＝_____ To UBound(city)
        Combo1. AddItem _____
    Next
End Sub
```

7. 窗体上有一个名称为 Text1 的文本框和一个名称为 Command1、标题为"计算"的命令按钮,如图所示。函数 fun 及命令按钮的单击事件过程如下,请填空。

```
Private Sub Command1_Click()
    Dim x As Integer
    x＝Val(InputBox("输入数据"))
    Text1＝Str(fun(x)＋fun(x)＋fun(x))
End Sub
Private Function fun(ByRef n As Integer)
    If n Mod 3＝0 Then
        n＝n＋n
    Else
        n＝n＊n
    End If
    _____＝n
End Function
```

当单击命令按钮,在输入对话框中输入 2 时,文本框中显示的是_____。

8. 窗体上有一个名称为 List1 的列表框,一个名称为 Picture1 的图片框。Form_Load 事件过程的作用是把 Data1. txt 文件中的物品名称添加到列表框中。运行程序,当双击列表框中的物品名称时,可以把该物品对应的图片显示在图片框中,如图所示,以下是类型定义及程序,请填空。

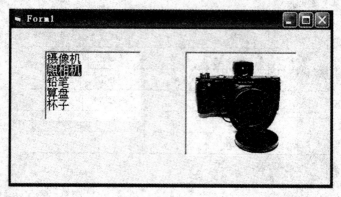

```
Private Type Pic
    gNane As String * 10 '物品名称
    picFile As String * 20 '物品图片的图片文件名
End Type
Dime p(4)As Pic,pRec As Pic
Private Sub Form_Load()
    Open"Data1.txt"For Random As#1 _____ =Len(pRec)
    For i=0 To 4
        Get#1,i+1,p(i)
        List1,AddItem p(i) gName
    Next i
    Close#1
End Sub
Private Sub List1_DblClick()
    For i=0 To 4
        If RTrim(List1.List(i))=RTrim(_____)Then
            Picture1.Picture=LoadPicture(p(i)._____)
            Exit For
        End If
    Next
End Sub
```

9.窗体上有一个名称为 CD1 的通用对话框,通过菜单编辑器建立如下图左图所示的菜单。程序运行时,如果单击"文件"菜单项,则执行打开文件的操作,当选定了文件(例如 G:\VB\2010-9\in.txt)并打开后,该文件的文件名会被添加到菜单中,如下图右图所示,各菜单项的名称和标题等定义如下表所示。

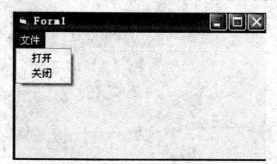 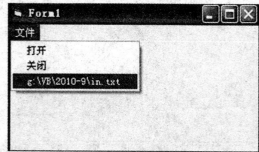

各菜单项的名称和标题

标题	名称	内缩	索引	可见
文件	File	无	无	True
打开	mnuOpen	…	无	True
关闭	mnuClose	…	无	True
—	mnu	…	无	True
(空)	FName	…	0	False

以下是单击"文件"菜单项的事件过程,请填空。

```
Dim mnuCounter As Integer
Pivate Sub mnuOpen_Click()
    CD1 ShowOpen
    If CD1.FileName<>""Then
        Open _____ For Input As#1
        mnuCounter=mnuCounter+1
        Load FName(mnuCounter)
        FName(mnuCounter).Caption=CD1.FileName
        FName(mnuCounter)._____=True
        Close#1
    End If
End Sub
```

< 90 >

第3章 上机考试试题

第1套 上机考试试题

一、基本操作题

(1)在名为 Form1 的窗体上绘制一个标签,名为 Lab1,标签上显示"请输入密码";在标签的右边绘制一个文本框,名为 Text1,其宽、高分别为 1500 和 300。设置适当的属性使得在输入密码时,文本框中显示"＊"字符,此外再把窗体的标题设置为"PassWord 窗口"。运行时的窗体如右图所示。

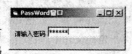

注意:以上设置都只能在属性窗口中进行设置;文件必须存放在考生文件夹中,工程文件名为 sj1.vbp,窗体文件名为 sj1.frm。

(2)在名为 Form1 的窗体上绘制一个文本框(名称 Text1,Text 属性为"我",Font 属性为"宋体")和一个水平滚动条(名称 HSl)。在属性窗口中对滚动条设置如下属性:

Min	10
Max	500
LargChange	5
SmallChange	3

编写适当的事件过程,使程序运行后,若移动滚动条上的滚动框,则可扩大或缩小文本框的"我"字。运行后的窗体如右图所示。

注意:以上设置都只能在属性窗口中进行设置;文件必须存放在考生文件夹中,工程文件名为 sj2.vbp,窗体文件名为 sj2.frm。

二、简单应用题

(1)在考生文件夹中有一个工程文件 sj3.vbp 及窗体文件 sj3.frm。请在名为 Form1 的窗体上绘制两个复选框,名称分别为 Chk1 和 Chk2,标题分别为"物理"和"高等数学";绘制一个文本框,名为 Text1;再绘制一个命令按钮,名为 Cmd1,标题为"确定",如下图所示。

物理	高等数学	文本框显示
不选	不选	我选的课程是
选中	不选	我选的课程是物理
不选	选中	我选的课程是高等数学
选中	选中	我选的课程是物理高等数学

(2)请编写适当的事件过程,使得在运行时,选中复选框并单击"确定"按钮,就可以按照表中的要求把结果显示在文本框中。按原名并在原文件夹中保存。注意:不得修改窗体文件中已经存在的程序,退出程序时必须通过单击窗体右上角的"关闭"按钮。在结束程序运行之前,必须进行产生下一个结果的操作。

如右图所示,在名为 Form1 的窗体上建立一个名称为 Text1 的文本框;建立两个主菜单,其标题分别为"颜色"和"帮助",名称分别为 vbColor 和 vbHelp,其中"颜色"菜单包括"红色"、"绿色"和"黄色"3 个菜单项,名称分别为 vbRed、vbGreen 和 vbYellow。

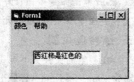

程序运行后,如果单击"红色"菜单项,则文本框内显示"西红柿是红色的";如果单击"绿色"菜单项,则在文本框内显示"苹果是绿色的";如果单击"黄色"菜单项,则在文本框内显示"香蕉是黄色的"。

注意:不能使用任何变量,直接显示字符串;文件必须存放在考生文件夹中,窗体文件名为 sj4.frm,工程文件名为 sj4.vbp。

三、综合应用题

在窗体 Form1 上建立 3 个菜单(名称分别为 vbRead、vbCalc 和 vbSave,标题分别为"读数"、"计算"和"存盘"),然后绘制一个文本框(名称为 Text1,MultiLine 属性设置为 True,ScrollBars 属性设置为 2),如下图所示。

程序运行后,如果执行"读数"命令,则读入 in45.txt 文件中的 100 个整数,放入一个数组中,数组的下界为 1;如果执行"计算"命令,则把该数组中下标为奇数的元素在文本框中显示出来,求出它们的和,并把所求得的和在窗体上显示出来;如果执行"存盘"命令,则把所求得的和存入考生文件夹下的 out45.txt 文件中。

在考生文件夹下有一个工程文件 sj5.vbp,考生可以装入该文件。窗体文件 sj3.frm 中的 ReadData 过程可以把 in45.txt 文件中的 100 个整数读入 Arr 数组中;而 WriteData 过程可以把指定的整数值写到考生文件夹指定的文件中(整数值通过计算求得,文件名为 out45.txt)。

注意:考生不得修改窗体文件中已经存在的程序。存盘时,工程文件名仍为 sj5.vbp,窗体文件名仍为 sj5.frm。

第 2 套　上机考试试题

一、基本操作题

(1)在名为 Form1 的窗体上绘制一个名为 HS1 的水平滚动条,请在属性窗口中设置它的属性值,满足以下要求:它的最大刻度值为 200,最小刻度值为 100,在运行时使用鼠标单击滚动条上滚动框以外的区域(不包括两边按钮),滚动框移动 10 个刻度。再在滚动条下面绘制两个名称分别为 Lab1 和 Lab2 的标签,并分别显示 100 和 200,运行时的窗体如右图所示。

注意:文件必须存放在考生文件夹中,工程文件名为 sj1.vbp,窗体文件名为 sj1.frm。

(2)在 Form1 的窗体上绘制一个命令按钮,名为 md1,标题为 Display,按钮隐藏。编写适当的事件过程,使程序运行后,若单击窗体,则命令按钮出现,此时如果单击命令按钮,则在窗体上显示 Visual Basic。程序运行情况如右图所示。

注意:程序中不得使用任何变量;文件必须存放在考生文件夹中,工程文件名为 sj2.vbp,窗体文件名为 sj2.frm。

二、简单应用题

(1)在考生文件夹中有工程文件 sj3.vbp 及窗体文件 sj3.frm。在名为 Form1 的窗体上有一个标签数组,名为 Lab1,该数组有 4 个控件元素,标题分别是 Wait、Edit、Aix 和 Move,如右图所示。

在程序运行后,将鼠标指针移动到各控件元素上,则鼠标指针的形状将变成各控件元素的标题所代表的鼠标指针形状;离开控件元素,则鼠标指针又变成正常情况下的箭头形状。本程序不完整,请补充完整,并能正确运行。

注意:去掉程序中的注释符"'",把程序中的问号"?"改为正确的内容,使其实现上述功能,但不得修改程序的其他部分。最后按原文件名并在原文件夹中保存修改后的文件。

(2)在考生文件夹中有一个工程文件 sj4.vbp(相应的窗体文件名为 sj4.frm)。在名为 Form1 的窗体上有 4 个文本框,初始内容为空;1 个命令按钮,标题为"按降序排列"。其功能是通过调用过程 Sort 将数组按降序排序。程序运行后,在 4 个文本框中各输入一个整数,然后单击命令按钮,即可使数组按降序排序,并在文本框中显示出来,如右图所示。

本程序不完整,请补充完整,并能正确运行。

三、综合应用题

在考生的文件夹下有一个工程文件 sj5.vbp,相应的窗体文件为 sj5.frm。在窗体 Form1 上有两个命令按钮,其名称分别为 Cmd1 和 Cmd2,标题分别为"文件写入"和"文件读出",如下图所示。

< 92 >

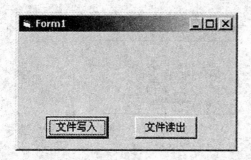 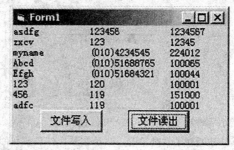

其中"文件写入"命令按钮事件过程用来建立一个通信录,以随机存取方式保存到文件 out57. txt 中;而"文件读出"命令按钮事件过程用来读出文件 out57. txt 中的每个记录,并在窗体上显示出来。

通信录中的每个记录由 3 个字段组成,结构如下:

姓名(Name)电话(Tel)　　邮政编码(Pos)

Abcd　　　(010)51688765　100065

　　⋮　　　　　⋮　　　　　⋮

各字段的类型和长度为:

姓名(Name):字符串　　　　15

电话(Tel):字符串　　　　　15

邮政编码(Pos)长整型(Long)程序运行后,如果单击"文件写入"命令按钮,则可以随机存取方式打开文件 out57. txt,并根据提示向文件中添加记录,每写入一个记录后,都要询问是否再输入新记录,回答"Y"(或"y")则输入新记录,回答"N"(或"n")则停止输入;如果单击"文件读出"命令按钮,则可以随机存取方式打开文件 out57. txt,读出文件中的全部记录,并在窗体上显示出来。该程序不完整,请把它补充完整。要求:

1. 去掉程序中的注释符"'",把程序中的问号"?"改为正确的内容,使其能正确运行,但不能修改程序中的其他部分。

2. 文件 out57. txt 中已有 3 个记录,请运行程序,单击"文件写入"命令按钮,向文件 out57. txt 中添加以下 2 个记录(全部采用西文方式),如下所示。

Abcd　　　(010)51688765　　　100065

Efgh　　　(010)51684321　　　100044

3. 运行程序,单击"文件读出"命令按钮,在窗体上显示全部记录。

4. 用原来的文件名保存工程文件和窗体文件。

第 3 套　上机考试试题

一、基本操作题

(1)在名为 Form1 的窗体中建立一个命令按钮,名为 Cmd1,标题为 Show(如右图所示)。编写适当的事件过程,使程序运行后,若单击 Show 按钮,则执行语句 Form1. Print"Show";如果单击窗体,则执行语句 Form1. Cls。

注意:文件必须存放在考生文件夹中,窗体文件名为 sj1. frm,工程文件名为 sj1. vbp。

(2)在名为 Form1 的窗体上建立一个名为 List1 的列表框(如右图所示)。编写适当的事件过程,使在程序运行后,通过 Form_Load()事件过程加载窗体时,执行语句 List1. AddItem "Item";单击某个列表项时,执行语句 List1. AddItemList1. Text 一次。

注意:文件必须存放在考生文件夹中,窗体文件名为 sj2. frm,工程文件名为 sj2. vbp。

二、简单应用题

(1)在考生文件夹中有一个工程文件 sj3. vbp,相应的窗体文件名为 sj3. frm。请在名为 Form1 的窗体上绘制一个名称为 Text1 的文本框和一个名称为 Cmd1、标题为"大小写转换"的命令按钮,如下图所示。

在程序运行时,单击"大小写转换"按钮,可以把 Text1 中的大写字母转换为小写,把小写字母转换为大写。窗体文件中

已经给出了"大小写转换"按钮的 Click 事件过程,但不完整,请去掉程序中的注释符"'",把程序中的问号"?"改为正确的内容。注意:不能修改程序的其他部分。最后按原文件名并在原文件夹中保存修改后的文件。

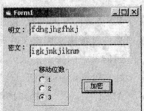

(2)在考生文件夹中有一个工程文件 sj4. vbp,相应的窗体文件名为 sj4. frm。其窗体 (Form1)如右图所示。该程序用来对在上面的文本框中输入的英文字母串(称为"明文")加密,加密结果(称为"密文")显示在下面的文本框中。加密的方法是:选中一个单选按钮,单击"加密"按钮后,根据选中的单选按钮后面的数字 n,把文中的每个字母改为它后面的第 n 个字母("z"后面的字母认为是"a","Z"后面的字母认为是"A")。窗体中已经给出了所有控件和程序,但程序不完整,请去掉程序中的注释符"'",把程序中的问号"?"改为正确的内容。

注意:不能修改程序的其他部分和控件的属性。最后按原文件名并在原文件夹中保存修改后的文件。

三、综合应用题

在名为 Form1 的窗体上建立一个文本框(名称为 Text1,MultiLine 属性为 True,Scroll-Bars 属性为 2)和两个命令按钮(名称分别为 Cmd1 和 Cmd2,标题分别为 Read 和 Save),如右图所示。

要求程序运行后,如果单击 Read 按钮,则读入 in18. txt 文件中的 100 个整数,放入一个数组中(数组下界为 1);如果单击 Save 按钮,则挑出 100 个整数中的所有奇数,在文本框 Text1 中显示出来,并把所有奇数之和存入考生文件夹中的文件 out18. txt 中(在考生文件夹下有标准模块 model. bas,其中 putdata 过程可以把一个整型数存入 out18. txt 文件,考生可以把该模块文件添加到自己的工程中)。注意:程序中对文件的操作统一使用相对路径;文件必须存放在考生文件夹中,窗体文件名为 sj5. frm,工程文件名为 sj5. vbp;结果存入 out18. txt 文件,否则没有成绩。

第 4 套　上机考试试题

一、基本操作题

(1)在名为 Form1 的窗体上建立一个名为 Cmd1,标题为"显示"的命令按钮。编写适当的事件过程,使程序运行后,若单击"显示"命令按钮,则在窗体上显示"计算机等级考试 Visual Basic 课程"。程序运行情况如右图所示。

注意:不要使用任何变量,直接显示字符串;文件必须存放在考生文件夹中,窗体文件名为 sj1. frm,工程文件名为 sj1. vbp。

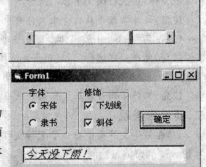

(2)在名为 Form1 的窗体上建立一个名为 HS1 的水平滚动条,其最大值为 200,最小值为 0。要求程序运行后,每次移动滚动框时,都执行语句 Form1. PrintHS1. Value(如右图所示)。

注意:程序中不能使用任何其他变量;文件必须存放在考生文件夹中,窗体文件名为 sj2. frm,工程文件名为 sj2. vbp。

二、简单应用题

(1)在考生文件夹中有一个工程文件 sj3. vbp 及窗体文件 sj3. frm。在名为 Form1 的窗体上有两个框架,其中一个框架中有两个单选按钮,另一个框架中有两个复选框,窗体上还有一个标题为"确定"的命令按钮和一个初始内容为空的文本框。所有控件已经全部画出。程序的功能是:在运行时,如果选中一个单选按钮和一个或两个复选框,则对文本框中的文字做相应的设置,如右图所示。

窗体上的控件已经绘制出,但没有给出主要程序内容,请编写适当的事件过程,完成上述功能。

注意:不能修改已经给出的程序部分和已有的控件;在结束程序运行之前,必须选中一个单选按钮和至少一个复选框,并单击"确定"按钮;必须通过单击窗体右上角的"关闭"按钮结束程序,否则无成绩。最后按原文件名并在原文件夹中保存修改后的文件。

(2)在考生文件夹中有文件 sj4.vbp 及其窗体文件 sj4.frm。在名为 Form1 的窗体上有两个复选项,名称分别为 Chk1 和 Chk2,标题分别为"寒假"和"暑假";两个单选按钮,名称分别为 Opt1 和 Opt2,标题分别为"今年有"和"今年没有";一个名称为 Lab1 的标签(如下图所示)请设计程序。

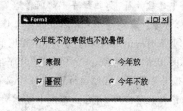

选择	在标签中显示的信息
chk1、chk2 和 Opt1	今年既放寒假也放暑假
chk1 和 Opt1	今年只放寒假
chk2 和 Opt1	今年只放暑假
chk1、chk2 和 Opt2	今年既不放寒假也不放暑假
chk1 和 Opt2	今年不放寒假
chk2 和 Opt1	今年不放暑假

要求程序运行后,对复选框和单选按钮进行选择,然后单击窗体,可根据表中的规定在标签中显示相应的信息。本程序不完整,请补充完整,并能正确运行。要求:去掉程序中的注释符"'",把程序中的问号"?"改为正确的内容,使其实现上述功能,但不得修改程序的其他部分。最后按原文件名并在原文件夹中保存修改后的文件。

三、综合应用题

在考生文件夹下有一个工程文件 sj5.vbp 及窗体文件 sj5.frm。在窗体 Form1 上给出了所有控件和不完整的程序,请去掉程序中的注释符"'",把程序中的问号"?"改为正确的内容。本程序的功能是:如果单击"读取"按钮,则把考生目录下的 in39.txt 文件中的 15 个姓名读到数组 a 中,并在窗体上显示这些姓名;当在 Text1 中输入一个姓名,或一个姓氏后,如果单击"查找"按钮,则进行查找,若找到,就把所有与 Text1 中相同的姓名或所有具有 Text1 中姓氏的姓名显示在 Text2 中(如右图所示);则未找到,则在 Text2 中显示"不存在!";若 Text1 中没有查找内容,则在 Text2 中显示"未输入查找内容!"。

注意:考生不得修改程序的其他部分和控件的属性,最后把修改后的文件按原文件名存盘。

▶ 第5套　上机考试试题

一、基本操作题

(1)在名为 Form1 的窗体上绘制一个标签,名为 Lab1,标题为"请输入一个摄氏温度";绘制两个文本框,名称分别为 Text1 和 Text2,内容设为空;再绘制一个名为 Cmd1 的命令按钮,其标题为"华氏温度等于"。编写适当的程序,使得单击"华氏温度等于"按钮时,将 Text1 中输入的摄氏温度(c)转换成为华氏温度(f),转换公式为:$f = c * 9/5 + 32$,并显示在 Text2 中。程序运行结果如下图所示。

注意:程序中不得使用任何变量;文件必须存放在考生文件夹中,窗体文件名为 sj1.frm,工程文件名为 sj1.vbp。

(2)在窗体上绘制两个标签,名称分别为 Lab1 和 Lab2,标题分别为"请输入一个正整数 N"和"$1+2+3+\cdots+N=$";绘制两个文本框,名称分别为 Text1 和 Text2,内容都设为空白;绘制一个命令按钮,名为 Cmd1,标题为"计算"。编写适当的程序,使程序运行时,在 Text1 中输入一个正整数 N,单击"计算"按钮,计算出 $1+2+3+\cdots+N$ 的和显示在 Text2 中。程序运

< 95 >

行结果如右图所示。

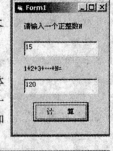

注意：程序中不得使用任何变量；文件必须存放在考生文件夹中，窗体文件名为 sj2.frm，工程文件名为 sj2.vbp。

二、简单应用题

（1）在考生文件夹中有一个工程文件 sj3.vbp，相应的窗体文件为 sj3.frm。在名为 Form1 的窗体上有一个命令按钮（名称为 Cmd1，标题为"求和"），其功能是产生 30 个 0～1000 的随机整数，放入一个数组中，然后输出它们的和。程序运行后，单击命令按钮，即可求出其和，并在窗体上显示出来，如右图所示。

本程序不完整，请补充完整，并能正确运行。

注意：去掉程序中的注释符""，把程序中的问号"?"改为正确的内容，使其实现上述功能，但不得修改程序的其他部分。最后按原文件名并在原文件夹中保存修改后的文件。

（2）在考生文件夹下有一个工程文件 sj4.vbp（相应的窗体文件名为 sj4.frm）。窗体上有 4 个文本框，它们的初始内容为空；一个标题为"升序排列"的命令按钮，其功能是通过调用过程 Sort 将数组按升序排序。程序运行后，在 4 个文本框中各输入一个整数，然后单击命令按钮，即可使数组按升序排序，并在文本框中显示出来（如右图所示），同时将其平均值在窗体标题上显示。这个程序不完整，请把它补充完整，并能正确运行。

要求：去掉程序中的注释符，把程序中的? 改为正确的内容，使其实现上述功能，但不能修改程序中的其他部分。最后把修改后的文件按原文件名存盘。

三、综合应用题

编写一个程序，输入货物的数量及单价，求总价，并输出。程序界面如下图所示。

窗体标题设置为"售货机"，窗体上的两个标签（分别命名为 Lab1 和 Lab2，标题为"货物的数据量（个）："和"贸物的单价（元）："两个文本框分别命名为 Text1 和 Text2，命令按钮名称为 Cmd1（标题为"总价＝"，结果显示在名为 Pic1 的图片框中）。当用户输入货物的数量与单价后，单击"总价＝"按钮，输出正确的结果。

注意：在存盘时，工程文件名为 fj5.vbp，窗体文件名为 fj5.frm。

第6套　上机考试试题

一、基本操作题

请根据以下各小题的要求设计 Visual Basic 应用程序（包括界面和代码）。

（1）在名称为 Form1 的窗体上添加一个计时器控件，名称为 Timer1。请利用"属性"窗口设置适当属性，使得在运行时可以每隔 3 秒，调用 Timer1_Timer 过程一次。另外，请把窗体的标题设置为"计时器"。设计阶段的窗体界面如右图所示。

注意：存盘时必须存放在考生文件夹下，工程文件名为 sj1.vbp，窗体文件名为 sj1.frm。

（2）在名称为 Form1 的窗体上画一个文本框，名称为 Text1，无初始内容。请编写 Text1 的 Change 事件过程，不能使用任何变量，使得运行时，在文本框中每输入一个字符，就在窗体上输出一行文本框中的完整内容。程序运行界面如右图所示。

注意：保存时必须存放在考生文件夹下，工程文件名为 sj2.vbp，窗体文件名为 sj2.frm。

二、简单应用题

（1）在窗体上有一个名为 Label1 的标签控件和 3 个单选按钮，均没有标题，请利用"属性"窗口为单选按钮依次添加标题为"汉语"、"英语"、"德语"；再添加一个标题为"输出"的命令按钮，如右图所示。程序的功能是：运行时，如果选中一个单选按钮后，单击"输出"按钮，则根据单选按钮的选中情况，在 Label 显示"我的母语是汉语"、"我的母语是英语"或"我的母语是德语"。

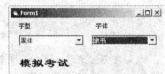

要求：依次添加单选按钮标题为"汉语"、"英语"、"德语"；设初始选中的是"汉语"，添加命令按钮标题为"输出"；去掉程序中的注释符"'"，把程序中的"?"改为正确的内容，使其实现上述功能，但不能修改程序中的其他部分，也不能修改控件的其他属性。最后把修改后的文件按 sj3.vbp 和 sj3.frm 文件名存盘。

(2)在考生文件夹下有一个工程文件 sj4.vbp，窗体中有 3 个标签，名称分别为 Label1、Label2 和 Label3，标题分别为"字型"、"字体"、"模拟考试"；在 Label1 和 Label2 标签的下面有两个组合框，名称分别为 Combo1 和 Combo2，并为 Combo1 添加项目："下画线"、"黑体"和"斜体"，为 Combo2 添加项目："华文行楷"、"隶书"和"宋体"。请编写适当的事件过

程，使得程序在运行时，当在 Combo1 中选一个字号、在 Combo2 中选一个字体，标签 Label3 中的文字立即变为选定的字号和字体，如右图所示。

注意：考生不得修改窗体文件中已经存在的程序，在结束程序运行之前，必须选择一个字号和字体。必须用窗体右上角的关闭按钮结束程序，否则无成绩。最后按原文件名存盘，程序中不能使用任何变量。

三、综合应用题

去掉程序中的注释符"'"，把程序中的"?"改为正确的内容，使其实现下述功能，但不能修改程序中的其他部分，也不能修改控件的其他属性。最后把修改后的文件按原文件名存盘。

在考生文件夹下有一个工程文件 sj5.vbp，其窗体上有一个文本框，名称为 Text1；有 3 个命令按钮，名称分别为 Command1、Command2 和 Command3，标题分别为"输入"、"计算显示"、"保存"，运行界面如右图所示。在给定程序中有一个函数过程 isPrimeNum，其功能是判断参数是否为素数，如果是素数，则返回 True，否则返回 False。

请将程序中有问号的地方替换为相应的代码，使得在运行时，单击"输入"按钮，弹出输入对话框，单击"计算显示"按钮，则找出大于输入参数的最小素数，并显示在 Text1 中；单击"保存"按钮，则把 Text1 中的计算结果存入考生文件夹下的 out5.txt 文件中。

注意：考生不得修改 isPrimeNum 函数过程和控件的属性，必须把计算结果通过"保存"按钮存入 out5.txt 文件中，否则无成绩。

第7套　上机考试试题

一、基本操作题

(1)在窗体 Form1 上画一个命令按钮，名称为 Command1，标题为"打开文件"，在窗体上添加适当的控件并编写适当的程序代码，要求程序运行时，单击"打开文件"命令按钮，可以弹出打开文件对话框。程序运行时的窗体界面如右图所示。

注意：保存时必须存放在考生文件夹下，窗体文件名为 sj1.frm，工程文件名为 sj1.vbp。

(2)在窗体 Form1 上画一个列表框，名称为 List1，有"Item1"、"Item2"、"Item3"和"Item4"四个表项。要求编写适当的程序代码，当双击列表中某一项时，弹出一个对话框提示"是否删除"。对话框中只有"是"与"否"两个选择按钮，单击按钮，则继续当前的操作。程序运行时的窗体界面如右图所示。

注意：保存时必须存放在考生文件夹下，窗体文件名为 sj2.frm，工程文件名为 sj2.vbp。

二、简单应用题

(1)在考生文件夹下有工程文件 sj3.vbp 及窗体文件 sj3.frm，该程序是不完整的，请在有"?"的地方添入正确的内容，然后删除"?"及代码前的所有注释符(即'号)，但不能修改其他部分。存盘时不得改变文件名和文件夹。

本题描述如下：在窗体上画一个名称为 Text1 的文本框和两个命令按钮，其名称分别为 Command1 和 Command2、标题

分别为"大写 A"和"小写 a"。要求程序运行后,如果单击"大写 A"命令按钮,则弹出对话框,输入要显示的个数,根据输入的数值在文本框中显示相应数量的大写字符串 A;如果单击"小写 a"命令按钮,也弹出对话框,输入要显示的个数,根据输入的数值在文本框中显示相应数量的小写字符串 a。

程序运行时的窗体界面如下图所示。

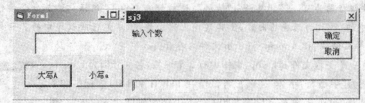

(2)在考生文件夹下有工程文件 sj4.vbp 及窗体文件 sj4.frm,请在有"?"的地方填入正确内容,然后删除"?"及代码前的所有注释符(即'号),但不能修改其他部分。编写程序使程序运行时满足下列的条件。存盘时不得改变文件名和文件夹。

本题描述如下:在窗体上有一个名称为 HScroll1 的水平滚动条(Min 为 400,Max 为 2000)和 3 个名称分别为 Command1、Command2 和 Command3,标题分别为"减 200"、"显示"和"加 200"的命令按钮。程序运行后,如果单击"减 200"命令按钮,则滚动块向左滚动 200 单位;如果单击"显示"命令按钮,则显示当前滚动条的值;如果单击"加 200"命令按钮,则滚动块向右滚动 200 单位。程序运行时效果如右图所示。

三、综合应用题

在考生文件夹下有工程文件 sj5.vbp 及窗体文件 sj5.frm,该程序是不完整的,请在有"?"号的地方填入正确内容,然后删除"?"及代码前的所有注释符(即'号),但不能修改其他部分。存盘时不得改变文件名和文件夹。

本题描述如下:

在窗体上有一个文本框、两个单选按钮及两个命令按钮。文本框的名称为 Text1,内空;两个命令按钮的名称分别为 Command1 与 Command2,标题分别为"读取"与"加密";单选按钮的名称分别为 Option1 和 Option2,标题分别为 3,5。单击"读取"按钮,程序将读入考生文件夹下的文本文件 in5.txt,单击"加密",加密过的文本显示在 Text1 中。根据单选按钮中的不同数字,加密的方法不同。例如选择 Option1,则逐一把读入的字符串改为它前面的第 3 个字母。程序运行时效果如右图所示。

第 8 套　上机考试试题

一、基本操作题

请根据以下各小题的要求设计 Visual Basic 应用程序(包括界面和代码)。

(1)在名称为 Form1 的窗体上建立一个名称为 Command1、标题为"显示"的命令按钮,一个名称为 Text1 的文本框,运行界面如右图所示。要求程序运行后,在文本框中输入几个字符,单击"显示"按钮,则在窗体上显示文本框中的文字。

注意:在程序中不能使用任何变量。保存时必须存放在考生文件夹下,窗体文件名为 sj1.frm,工程文件名为 sj1.vbp。

(2)在名称为 Form1 的窗体上建立两个名称分别为 Command1 和 Command2,标题为"按钮 A"和"按钮 B"的命令按钮,运行界面如下图左图所示。要求程序运行后,如果单击"按钮 A",则使两个按钮重合,如下图右图所示。

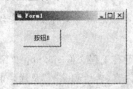

注意:在程序中不得使用任何变量(必须通过属性设置来移动控件)。保存时必须存放在考生文件夹下,窗体文件名为 sj2.frm,工程文件名为 sj2.vbp。

二、简单应用题

(1)在考生文件夹中有工程文件 sj3. vbp 及其窗体文件 sj3. frm,该程序是不完整的。请在有"?"的地方填入正确内容,然后删除"?"及代码前的所有注释符(即'号),但不能修改其他部分。存盘时不得改变文件名和文件夹。

本题描述如下:

在窗体上有一个名称为 Command1、标题为"求和"的命令按钮,3 个名称分别为 Text1、Text2 和 Text3 的文本框,运行界面如右图所示。要求程序运行后,在 Text1 和 Text2 中分别输入两个整数,单击"求和"按钮后,可把两个整数之间的所有奇数(不含输入的两个整数)累加起来并在 Text3 中显示。

(2)在考生文件夹中有工程文件 sj4. vbp 及其窗体文件 sj4. frm,该程序是不完整的。请在有"?"的地方填入正确内容,然后删除"?"及代码前的所有注释符(即'号),但不能修改其他部分。存盘时不得改变文件名和文件夹。

在窗体上建立一个名称为 Text1 的文本框,建立一个名称为 Command1、标题为"计算"的命令按钮,如右图所示。要求程序运行后,如果单击"计算"按钮,则求出 50～200 之间所有可以被 5 整除的数的总和,在文本框中显示出来,并把结果存入考生文件夹下的 out. txt 文件中(在考生的文件夹下有一个 mode. bas 标准模块,该模块中提供了保存文件的过程 writedata,考生可以直接调用)。

三、综合应用题

在考生文件夹中有工程文件 st5. vbp 及其窗体文件 sj5. frm,该程序是不完整的,请在有"?"的地方填入正确内容,然后删除"?"及代码前的所有注释符(即'号),但不能修改其他部分。存盘时不得改变文件名和文件夹。

本题描述如下:

在名称为 Form1 的窗体上有一个文本框,名称为 Text1、MultiLine 属性为 True、ScrollBars 属性为 2,两个命令按钮,名称分别为 Command1 和 Command2,标题分别为"读入"和"排列保存",运行界面如右图所示。要求程序运行后,如果单击"读入"按钮,则从"in. txt"文件中读入 50 个整数,放入一个数组中(数组下界为 1);如果单击"排列保存"按钮,则对这 50 个数从大到小进行排序,把排序后的全部数据在文本框 Text1 中显示出来,然后存入考生文件夹中的"result. txt"文件中(在程序中的标准模块 mode5. bas 过程可以把指定个数的数组元素存入 result. txt 文件)。

注意:文件必须存放在考生文件夹下,窗体文件名为 sj5. frm,工程文件名为 sj5. vbp,排序结果存入 result. txt 文件,否则没有成绩。

➡ 第 9 套 上机考试试题

一、基本操作题

(1)在名称为 Form1 的窗体上画一个名称为 Check1 的复选框数组,它含 4 个复选框,它们的标题依次为"Item1"、"Item2"、"Item3"和"Item4",其索引号分别为 0,1,2,3。初始状态下,"Item1"和"Item4"为选中状态。程序运行后的窗体界面如右图所示。

注意:存盘时必须存放在考生文件夹下,工程文件名为 sj1. vbp,窗体文件名为 sj1. frm。

(2)在名称为 Form1 的窗体上画一个名称为 VScroll1 的垂直滚动条,其刻度值范围为 1～200;画一个命令按钮,名称为 Command1、标题为"向下移动"。请编写适当的事件过程,使得程序运行时,每单击命令按钮一次(假定单击次数少于 10 次),滚动块向下移动 20 个刻度。程序运行时的窗体界面如右图所示。要求程序中不得使用变量,事件过程中只能写一条语句。

注意:存盘时必须存放在考生文件夹下,工程文件名为 sj2. vbp,窗体文件名为 sj2. frm。

二、简单应用题

(1)在考生文件夹下有工程文件 sj3. vbp 及窗体文件 sj3. frm,该程序是不完整的,请在有"?"号的地方填入正确内容,然后删除"?"及代码前的所有注释符(即'号),但不能修改其他部分。存盘时不得改变文件名和文件夹。

本题描述如下:

在名称为 Form1 的窗体上有一个标题为"求 n 以内(包括 n)所有奇数的和"的 Label 控件、一个 Text 控件和 4 个命令按钮。该程序的主要功能是求从 1 到用户输入的任意自然数 n 的奇数的累加和。本题要求刚启动工程时,"计算显示"和"清空"按钮均为灰色,可以在输入框内输入任意自然数(n 值太大时,运算时间将很长,建议不超过 9 位)。在输入数的同时"计算显示"变为可用;当输入数后,"计算显示"变为禁用;当输入为非数值时,累加结果为 0。单击"计算显示"可以在 Text1 中显示累加和,同时"计算显示"变灰,"清空"变为可用。单击"清空",输入框和显示框均被清空。

本题运行时的窗体界面如右图所示。

(2)在考生文件夹下有工程文件 sj4.vbp 及窗体文件 sj4.frm,该程序与控件结构是不完整的,请在有"?"号的地方填入正确内容,然后删除"?"及代码前的所有注释符(即'号),同时补充完整需要的控件属性。存盘时不得改变文件名和文件夹。

本题描述如下:在窗体中有一个文本框控件,名称为 Text1;两个命令按钮,名称分别为 Command1 和 Command2,标题分别为"读取文本"、"统计字数";一个名称为 Label1 的标签控件。要求程序运行后,单击 Command1 将考生文件夹下的 sjin.txt 的内容显示到 Text1 中;单击"统计字数"按钮统计 Text1 中有多少个字符,将结果显示在 Label1 中。

程序运行时的窗体界面如右图所示。

三、综合应用题

在考生文件夹下有一个工程文件 sj5.vbp,其窗体上有一个命令按钮,名称为 Command1、标题为"添加";一个文本框,名称为 Text1。程序运行前,文本框的编辑区为空白;一个列表框,名称为 List1。

在文本框中输入文本,若单击"添加"按钮,文本框中的文本作为一个列表项被加入到列表框中,如右图所示。若双击文本框,则使文本框中的内容为空,且使"添加"按钮变为无效。

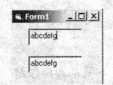

要求:去掉程序中的注释符"'",把程序中的"?"改为正确的内容,使其实现上述功能,但不能修改程序中的其他部分,也不能修改控件的属性,最后把修改后的文件以原来的文件名存盘。

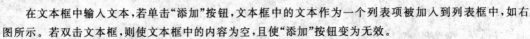

第10套　上机考试试题

一、基本操作题

请根据以下各小题的要求设计 Visual Basic 应用程序(包括界面和代码)。

(1)在名称为 Form1 的窗体上画两个文本框,名称分别为 Text1 和 Text2,初始情况下都没有内容。请编写适当的事件过程,使程序运行时,在 Text1 中输入字符的同时,Text2 也立即显示出 Text1 中的字符,如右图所示。程序中不得使用任何变量。

注意:存盘时必须存放在考生文件夹下,工程文件名为 sj1.vbp,窗体文件名为 sj1.frm。

(2)在名称为 Form1 的窗体上画一个图片框,名称为 Pic1;再画一个命令按钮,名称为 Command1,标题为"置顶",运行界面如下图左图所示。请编写适当的事件过程,使运行界面在运行时,单击"置顶"按钮,则图片框垂直移动到窗体的最顶端,如下图右图所示。程序中不得使用任何变量。

注意:存盘时必须存放在考生文件夹下,工程文件名为 sj2.vbp,窗体文件名为 sj2.frm。

二、简单应用题

(1)在考生文件夹下有工程文件 sj3.vbp 及窗体文件 sj3.frm,该程序是不完整的,请在有"?"的地方填入正确内容,然后删除"?"及代码前的所有注释符(即'号),但不能修改其他部分。存盘时不得改变文件名和文件夹。

本题描述如下:

< 100 >

在窗口中有一个 Label 控件和两个名称分别为 Command1 和 Command2,标题分别为"开始"和"关闭"的命令按钮。要求程序运行后,单击"开始"按钮后,能将下图给出的菱形写入考生文件夹下的 shape.dat 文件中;执行完毕,"开始"按钮变成"完成",且无效(变灰)。程序运行界面如右图所示。

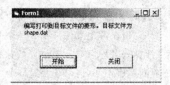

```
        A
       AAA
      AAAAA
     AAAAAAA
    AAAAAAAAA
     AAAAAAA
      AAAAA
       AAA
        A
```

(2)在考生文件夹下有工程文件 sj4.vbp 及窗体文件 sj4.frm,该程序是不完整的,请在有"?"的地方填入正确内容,然后删除"?"及代码前的所有注释符(即'号),但不能修改其他部分。存盘时不得改变文件名和文件夹。

本题描述如下:

在窗体中有一个名称为 Command1,标题为"读取字体大小"的命令按钮,一个名称为 List1 的列表框。要求程序运行后,单击"读取字体大小"按钮读取系统的字体,并在 List1 中显示,如右图所示。

三、综合应用题

在考生文件夹下有工程文件 sj5.vbp 及窗体文件 sj5.frm,该程序是不完整的,请在有"?"的地方填入正确内容,然后删除"?"及代码前的所有注释符(即'号),但不能修改其他部分。存盘时不得改变文件名和文件夹。

本题描述如下:在名称为 Form1 的窗体上有一个 Label 控件和两个名称分别为 Command1 和 Command2,标题分别为"开始"和"关闭"的命令按钮。编写函数 Minus(A,N),其功能是由数字 A 组成的不多于 N 位数的整数,利用该函数求 8000−800−80−8 的值并把结果写入考生文件夹下的 sj5.dat 文件中。执行完毕,"开始"按钮变成"完成",且无效,如右图所示。

第11套 上机考试试题

一、基本操作题

(1)在 Form1 的窗体上绘制一个图片框,其名称为 Picture1。编写适当的事件过程,使程序运行后,若单击窗体,则从图片框的(300,600)位置处开始显示"Visual Basic"。程序运行情况如下图左图所示。

注意:程序中不得使用任何变量;文件必须存放在考生文件夹中,工程文件名为 sj1.vbp,窗体文件名为 sj1.frm。

(2)在 Form1 的窗体上绘制一个文本框,名称为 Text1;绘制一个命令按钮,名称为 Command1,标题为"显示",TabIndex 属性设为 0。请为 Command1 设置适当的属性,使得当焦点在 Command1 时,按 Esc 键就调用 Command1 的 Click 事件,该事件过程的作用是在文本框中显示"Visual Basic 程序设计",程序运行结果如下图右图所示。

注意:程序中不得使用任何变量;文件必须存放在考生文件夹中,工程文件名为 sj2.vbp,窗体文件名为 sj2.frm。

< 101 >

二、简单应用题

(1)在考生文件夹中有一个工程文件 sj3.vbp 和一个窗体文件 sj3.frm；窗体上有一个名为 Text1 的文件框，一个标题为"计算"，名称为 Command1 的命令按钮和一个组合框。请在名为 Combo1 的组合框中输入 3 个列表项："5"、"9"、"13"（列表项的顺序不限，但必须是这 3 个数字），程序运行情况如下图所示。

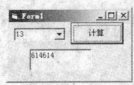

请编写适当的事件过程，使得程序运行时，在组合框中选定一个数字后，单击"计算"按钮，则计算 4000 以内能够被该数整除的所有数之和，并放入 Text1 中。最后按原文件名存盘（提示：由于计算结果较大，应使用长整型变量）。

注意：不得修改窗体文件中已经存在的程序，在结束程序运行之前，必须至少进行一次计算。必须用窗体右上角的关闭按钮结束程序，否则无成绩。

(2)在考生文件夹中有一个工程文件 sj4.vbp 及窗体文件 sj4.frm。在名为 Form1 的窗体上有一个圆和一条直线（直线的名称为 Line1）构成一个钟表的图案；有两个命令按钮，名称分别为 Command1 和 Command2，标题分别为"开始"和"暂停"，还有一个名为 Timer1 的计时器。

程序运行时，钟表指针不动，单击"开始"按钮，则钟表上的指针（即 Line1）开始顺时针旋转（每秒转 6°，一分钟转一圈）；单击"暂停"按钮，则指针暂停旋转。运行时的窗体如右图所示。请设置计时器的适当属性，使得每秒激活计时器的 Timer 事件一次；编写两个按钮的 Click 事件过程。文件中已经给出了所有控件和部分程序，不得修改已有程序和其他控件的属性；编写的事件过程中不得使用变量，且只能写一条语句。最后按原文件名并在原文件夹中保存修改后的文件。

三、综合应用题

在考生文件夹下有文件 in5.txt，文件中有几行汉字。请在窗体 Form1 上绘制一个文本框，名称为 Text1，能显示多行；再绘制一个命令按钮，名称为 Command1，标题为"保存"，并编写适当的事件过程，使得在加载窗体时，把 in5.txt 文件的内容显示在文本框中，然后在文本的最前面手工插入一行汉字："全国计算机等级考试"，如右图所示。最后单击"保存"按钮，可以把文本框中修改过的内容存到文件 out5.txt 中。

注意：只能在最前面插入文字，不能修改原有文字。文件必须存放在考生文件夹中，以 sj5.vbp 为文件名存储工程文件，以 sj5.frm 为文件名存储窗体文件。

🡆 第12套　上机考试试题

一、基本操作题

(1)在名为 Form1 的窗体上绘制两个标签（名称分别为 Label1 和 Label2，标题分别为"长"和"宽"）、两个文本框（名称分别为 Text1 和 Text2，Text 属性均为空白）和一个命令按钮（名称为 Command1，标题为"输入"）。编写命令按钮的 Click 事件过程，使程序运行后，若单击命令按钮，则先后显示两个输入对话框，在两个输入对话框中分别输入长和宽，并分别在两个文本框中显示出来，运行后的窗体如右图所示。

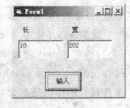

注意：程序中不得使用任何变量，文件必须存放在考生文件夹中，工程文件名为 sj1.vbp，窗体文件名为 sj1.frm。

(2)在名为 Form1 的窗体上绘制一个标签（名称为 Label1，标题为输入）、一个文本框（名称为 Text1，Text 属性为空白）和一个命令按钮（名称为 Command1，标题为显示）。请编写命令按钮的 Click 事件过程，使程序运行后，在文本框中输入内容，然后单击命令按钮，则标签和文本框消失，并在窗体上显示文本框中的内容。运行后的窗体如下图左图和右图所示。

注意：要求程序中不得使用任何变量，文件必须存放在考生文件夹中，工程文件名为 sj2.vbp，窗体文件名为 sj2.frm。

二、简单应用题

（1）在考生文件夹中有一个工程文件 sj3.vbp，相应的窗体文件为 sj3.frm。在名为 Form1 的窗体上有一个命令按钮，其名称为 Command1，标题为"添加"；有一个文本框，名为 Text1，初始内容为空白；此外还有一个列表框，其名称为 List1。程序运行后，如果在文本框中输入一个英文句子（由多个单词组成，各单词之间用一个空格分开），然后单击命令按钮，程序将把该英文句子作为一个项目添加到列表框中，如下图所示。

该程序不完整，请补充完整。

要求：去掉程序中的注释符"'"，把程序中的问号"?"改为正确的内容，使其能正确运行，但不得修改程序的其他部分，最后按原文件名并在原文件夹中保存修改后的文件。

（2）在考生文件夹中有工程文件 sj4.vbp 及窗体文件 sj4.frm。在名为 Form1 的窗体上有两个框架、7 个标签和 7 个文本框，所有控件已经画好。该程序的功能是：根据给定的图形的三边的边长来判断图形的类型。若为三角形，则同时计算出为何种三角形，及三角形的周长和面积。

要求完成"判断并计算"按钮的如下功能：

①判断输入的条件是否为三角形，若是三角形，则在 Text1 中显示"是三角形"；在 Text2 中显示是何种三角形。

②单击"重新输入"按钮可以清空所有显示框，且按钮本身变为无效状态。当单击"判断并计算"按钮之后重新恢复为可用状态。

附加信息：

①三角形存在的条件为任一边不为 0，且任两边之和大于第三边。

②若一边具有 $a^2+b^2=c^2$，则为直角三形；若所有边具有 $a^2+b^2>c^2$，则为锐角三角形；若一边具有 $a^2+b^2<c^2$，则为钝角三角形。

本程序不完整，请补充完整，并能正确运行。程序运行情况如右图所示。

要求：去掉程序中的注释符"'"，把程序中的问号"?"改为正确的内容，使其实现上述功能，但不得修改其他部分。最后按原文件名并在原文件夹中保存修改后的文件。

三、综合应用题

在考生文件夹下有工程文件 sj5.vbp 及窗体文件 sj5.frm。在窗体 Form 上有一个名为 List1 的列表框，列表框中有若干列表项，通过属性窗口设置列表框的 MultiSelect 属性为 1。还有两个命令按钮，名称分别是 Command1 和 Command2，标题分别是全选和保存（如右图所示）。要求在程序运行时，单击全选按钮则将 List1 中的全部列表项选中，然后单击"保存"按钮，将 List1 中的全部列表项写入文本框文件 out5.txt 中，并将 out5.txt 保存在考生文件夹下。

注意：该程序不完整，请在有问号"?"的地方填入正确内容，然后删除问号"?"及所有注释符"'"，但不能修改其他部分。存盘时不得改变文件名和文件夹，相应的数据文件也保存到考生文件夹下，否则没有成绩。

第13套 上机考试试题

一、基本操作题

(1) 在名为 Form1 的窗体上绘制一个名为 Cmd1 的命令按钮,标题为"打开文件",再绘制一个名为 CD1 的通用对话框。程序运行后,若单击命令按钮,则弹出"打开文件"对话框,如下图所示。请按下列要求设置属性和编写代码:

①设置适当属性,使对话框的标题为"打开文件"。

②设置适当属性,使对话框的"文件类型"下拉式组合框中有两行:"文本文件"、"所有文件"(如下图所示),默认的类型是"所有文件"。

③编写命令按钮的事件过程,使得单击按钮可以弹出"打开文件"对话框。注意:程序中不得使用变量,事件过程中只能写一条语句;文件必须存放在考生文件夹中,工程文件名为 sj1.vbp,窗体文件名为 sj1.frm。

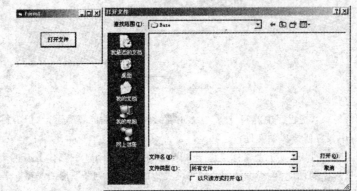

(2)在名为 Form1 的窗体上绘制两个命令按钮,其名称分别为 Cmd1 和 Cmd2。编写适当的事件过程,使程序运行后,若单击命令按钮 Cmd1,则可使该按钮移到窗体的左上角(只允许通过修改属性的方式实现);如果单击命令按钮 Cmd2,则可使该按钮在长度和宽度上各扩大到原来的 3 倍。程序的运行情况如下图所示。

注意:不得使用任何变量;文件必须存放在考生文件夹中,工程文件名为 sj2.vbp,窗体文件名为 sj2.frm。

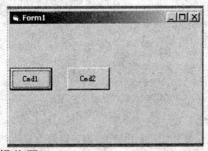 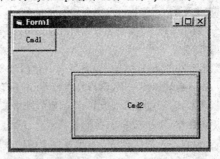

二、简单操作题

(1)在考生文件夹中有一个工程文件 sj3.vbp,相应的窗体文件为 sj3.frm。在名为 Form1 的窗体上有一个命令按钮,其名称为 Cmd1,标题为"输入";还有一个文本框,其名称为 Text1,初始内容为空白。程序运行后,单击"输入"命令按钮,显示"execise 25"对话框。在对话框中输入某个月份的数值(1~12),然后单击"确定"按钮,即可在文本框中输出该月份所在的季节。例如输入 8,将输出"8月份是秋季",如下图所示。

该程序不完整,请补充完整。

< 104 >

要求:去掉程序中的注释符""",把程序中的问号"?"改为正确的内容,使其能正确运行,但不得修改程序的其他部分。最后用原名保存工程文件和窗体文件。

(2)在考生文件夹中有一个工程文件 sj4. vbp,相应的窗体文件为 sj4. frm。在名为 Form1 的窗体上有一个名称为 Cmd1,标题为"计算"的命令按钮;两个水平滚动条,名称分别为 HS1 和 HS2,其 Max 属性均为 100,Min 属性均为 1;4 个标签,名称分别为 Lab1、Lab2、Lab3 和 Lab4,标题分别为"运算数1"、"运算数2"、"运算结果"和空白;此外还有一个包含 4 个单选按钮的控件数组,名为 Opt1,标题分别为"+"、"-"、"*"和"/"。程序运行后,移动两个滚动条中的滚动框,用滚动条的当前值作为运算数,如果选中一个单选钮,然后单击命令按钮,相应的计算结果将显示在 Lab4 中,程序运行情况如下图所示。

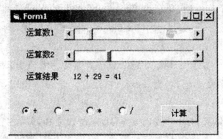

本程序不完整,请补充完整,并能正确运行。

要求:去掉程序中的注释符""",把程序中的问号"?"改为正确的内容,使其能正确运行,但不得修改程序的其他部分,也不得修改控件的属性。最后用原名保存工程文件和窗体文件。

三、综合应用题

在考生文件夹下有工程文件 sj5. vbp 及窗体文件 sj5. frm。在名为 Form1 的窗体上有 5 个 Label 控件和 2 个命令按钮,数据文件 in13. dat 存放学生的编号、姓名、性别和体重,如下图所示。

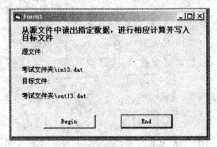 

程序运行后,按"Begin"按钮后,能从考生文件夹下的 in13. dat 中读出数据并把体重大于平均体重的学生的所有数据写入考生文件夹下的 out13. dat 文件中。执行完毕,"Begin"按钮变成"完成"按钮,且无效。

要求:该程序不完整,请在有问号"?"的地方填入正确内容,然后删除问号"?"及所有注释符""",但不能修改其他部分。存盘时不得改变文件名和文件夹,相应的数据文件也保存到考生文件夹下,否则没有成绩。

➡ 第14套　上机考试试题

一、基本操作题

(1)在名为 Form1 的窗体上绘制一个名为 Chk1 的复选框数组,含 3 个复选框,它们的标题依次为 First、Second 和 Third,其下标分别为 0,1,2。初始状态下,Second 和 Third 为选中状态。运行后的窗体如下图左图所示。

注意:文件必须存放在考生文件夹中,工程文件名为 sj1. vbp,窗体文件名为 sj1. frm。

(2)请在名为 Form1 的窗体上建立一个二级下拉菜单,第一级共有两个菜单项,标题分别为"文件"和"编辑",名称分别为 vbFile 和 vbEdit;在"编辑"菜单下有第二级菜单,含有 3 个菜单项,标题分别为"剪切"、"复制"和"粘贴",名称分别为 vb-Cut、vbCopy 和 vbPaste,其中"剪切"菜单项设置为无效(如下图右图所示)。

注意:文件必须存放在考生文件夹中,工程文件名为 sj2. vbp,窗体文件名为 sj2. frm。

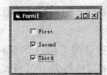

二、简单应用题

（1）在名为 Form1 的窗体上建立两个主菜单，其标题分别为"文件"和"帮助"，名称分别为 vbFile 和 vbHelp，在"文件"菜单下有 3 个菜单项，分别为"新建"、"打开"和"保存"（其名称分别为 vbNew、vbOpen 和 vbSave）。要求程序运行后，如果选中"文件"下的某个菜单项，则将该菜单项的标题通过 MsgBox 对话框显示出来，如右图所示。

注意：文件必须存放在考生文件夹中，窗体文件名为 sj3.frm，工程文件名为 sj3.vbp。

（2）在名为 Form1 的窗体上建立一个文本框，名为 Text1；再建立一个命令按钮，名为 Cmd1，标题为"计算"，如右图所示。

要求程序运行后，单击命令按钮，则计算出 100～200 之间所有素数之和，并在文本框中显示结果，同时把结果存入文件 out48.txt 中（在考生文件夹中有标准模块 mode.bas，其中的 putdata 过程可以把结果存入文件；而 isprime 函数可以判断整数 x 是否为素数，如果是素数，则函数返回 True，否则返回 False。考生可以把该模块文件添加到自己的工程中）。

注意：文件必须存放在考生文件夹中，窗体文件名为 sj4.frm，工程文件名为 sj4.vbp。

三、综合应用题

在名为 Form1 的窗体上建立一个文本框，名为 Text1；再建立一个命令按钮，名为 Cmd1，标题为"计算"，如右图所示。

要求程序运行后，单击命令按钮，则计算出 100～200 之间所有素数之和，并在文本框中显示结果，同时把结果存入文件 out48.txt 中（在考生文件夹中有标准模块 mode.bas，其中的 putdata 过程可以把结果存入文件；而 isprime 函数可以判断整数 x 是否为素数，如果是素数，则函数返回 True，否则返回 False。考生可以把该模块文件添加到自己的工程中）。

注意：文件必须存放在考生文件夹中，窗体文件名为 sj5.frm，工程文件名为 sj5.vbp。

➡ 第15套　上机考试试题

一、基本操作题

（1）在窗体中绘制一个文本框（名称为 Text1）大于和一个命令按钮并将所有数据写入考生文件夹名称为 Cmd1，标题为 Display。请编写 Cmd1 的 Click 事件过程，使得 Begin 按钮变成，"E 完成键就调"按钮用这个事件过程且在文本框中显示 Visual-Basic，程序运行结果如下图所示。

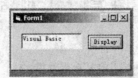

该程序不完整，注意：及所有注释符""，但不能修改其他部分，在程序中不能使用任何变量；文件必须存放在考生文件夹中，相应的数据文件也保存到考生文件夹下，工程文件名为 sj1.vbp，窗体文件名为 sj1.frm。

（2）在名为 Form1 的窗体上绘制一个文本框，名为 Text1，无初始内容；再绘制一个图片框，名为 Pic1。请编写 Text1 的 Change 事件过程，使得在运行时，在文本框中每输入一个字符，就在图片框中输出一行文本框中的完整内容。运行时的窗体如下图所示。

注意：程序中不能使用任何变量，文件必须存放在考生文件夹中，工程文件名为 sj2.vbp，窗体文件名为 sj2.frm。

二、简单应用题

(1)在考生文件夹中有工程文件 sj3.vbp 及窗体文件 sj3.frm。在名为 Form1 的窗体上有 3 个
Label 控件和两个命令按钮,Label 控件均为提示信息。命令按钮名称分别为 Cmd1 和 Cmd2,标题
分别为 Quit 和 Begin。程序运行后,单击"Begin"按钮,程序自动利用循环计算 1+1/2+1/3+…+
1/10 的结果,并把结果写入到考生文件夹中的 out67.dat 文件中。执行完毕,"Begin"按钮变成
"End"按钮,且无效(变灰),如右图所示。

要求:在有问号"?"的地方填入正确内容,然后删除"?"及所有注释符"",但不得修改其他部分。
保存时不得改变文件名和文件夹。

(2)在考生文件夹中有一个工程文件 sj4.vbp(相应的窗体文件名为 sj4.frm)。在名为
Form1 的窗体上有 4 个文本框,初始内容为空;1 个命令按钮,标题为"求 Max"。其功能是通
过调用过程 FindMax 求数组的最大值。

请装入该文件。程序运行后,在 4 个文本框中各输入一个整数,然后单击命令按钮,即可
求出数组的最大值,并在窗体上显示出来(如右图所示)。

本程序不完整,请补充完整,并能正确运行。

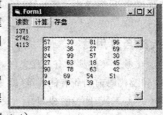

要求:去掉程序中的注释符"",把程序中的问号"?"改为正确的内容,使其实现上述功能,但
不得修改程序的其他部分。最后按原文件名并在原文件夹中保存修改后的文件。

三、综合应用题

在窗体 Form1 上建立 3 个菜单(名称分别为 vbRead、vbCalc 和 vbSave,标题分别为"读数"、"计算"和"存盘");然后绘制
一个文本框(名称为 Text1,MultiLine 属性设置为 True,ScrollBars 属性设置为 2),如右图所示。

程序运行后,如果执行"读数"命令,则读入 in34.txt 文件中的 100 个整数,放入一个数
组中,数组的下界为 1;如果执行"计算"命令,则把该数组中可以被 3 整除的元素在文本框
中显示出来,求出它们的和,并把所求得的和在窗体上显示出来;如果执行"存盘"命令,则
把所求得的和存入考生文件夹下的 out34.txt 文件中。

在考生文件夹下有一个工程文件 sj5.vbp,考生可以装入该文件。窗体文件 sj5.frm 中
的 ReadData 过程可以把 in34.txt 文件中的 100 个整数读入 Arr 数组中;而 WriteData 过程
可以把指定的整数值写到考生文件夹指定的文件中(整数值通过计算求得,文件名为 out34.txt)。

注意:考生不得修改窗体文件中已经存在的程序。存盘时,工程文件名仍为 sj5.vbp,窗体文件名仍为 sj5.frm。

第16套 上机考试试题

一、基本操作题

请根据以下各小题的要求设计 Visual Basic 应用程序(包括界面和代码)。

(1)在名称为 Form1 的窗体上放置一个名称为 Drive1 的驱动列表框控件,一个名称为 Dir1 的目
录列表框控件、一个名称为 File1 的文件列表框控件。程序运行时,可以对系统中的文件进行浏览,
如右图所示。

注意:程序中不得使用任何变量,保存时必须存放在考生文件夹下,窗体文件名为 sj1.frm,工程
文件名为 sj1.vbp。

(2)在名称为 Form1 的窗体上放置一个名为 Label1 的标签控件和一个名为 Timer1 的计时器控
件,程序运行后,文本框中显示的是当前的时间,而且每一秒文本框中所显示的时间都会随时间的变化而改变,并且显示的
字体为四号宋体字,如右图所示。

注意:程序中不得使用任何变量,保存时必须存放在考生文件夹下,窗体文件名为 sj2.
frm,工程文件名为 sj2.vbp。

二、简单应用题

(1)在考生文件夹下有工程文件 sj3.vbp 及窗体文件 sj3.frm,该程序是不完整的,请在有

< 107 >

"?"的地方填入正确内容,然后删除"?"及代码前的所有注释符(即'号),但不能修改其他部分。存盘时不得改变文件名和文件夹,如下图所示。

在名称为Form1的窗体上有3个Text控件及5个命令按钮,功能为:开始启动工程时,界面上除"读取数据"及"关闭"按钮有效之外,其他按钮均不可用(灰色显示);单击"读取数据"按钮之后,利用InputBox让用户连续且必须输入8个数。若录入为非数字符号,则给出提示"输入数据无效,请重新输入:"。输入完毕后,"读取数据"变灰,其他变为可用状态;按相应的按钮可分别求出所输入数据的升序排列及平均值,并在右侧对应的文本框中显示(注意用A(8)存放最大数,A(1)存放最小数);单击"清空"按钮将所有文本框清空。

(2)在考生文件夹下有工程文件sj4.vbp及窗体文件sj4.frm,该程序是不完整的,请在有"?"的地方填入正确内容,然后删除"?"及代码前的所有注释符(即'号),但不能修改其他部分。存盘时不得改变文件名和文件夹,如右图所示。

在名称为Form1的窗体上有3个Label控件、两个Text控件和两个命令按钮。该程序的主要功能是求从1到Text1中用户输入的任意自然数n的累加和。刚启动时,可以在输入框内输入任意自然数(n值太大时,运算时间将很长,建议不超过4位)。当输入为非数值时,累加结果为0;单击"开始"按钮可以在Text2中显示累加和,同时"开始"变为"完成"并变灰;单击"关闭"按钮结束程序的运行。

三、综合应用题

在考生文件夹下有工程文件sj5.vbp及窗体文件sj5.frm,该程序是不完整的,请在有"?"的地方填入正确内容,然后删除"?"及代码前的所有注释符(即'号),但不能修改其他部分。存盘时不得改变文件名和文件夹,相应的dat文件也保存到考生文件夹下,否则没有成绩。

本题描述如下:

在名称为Form1的窗体上有一个Label控件和两个命令按钮,数据文件in5.dat存放了一些成绩。按"开始"按钮后,从考生文件夹下的in5.dat中读出数据并求出它们的总分和平均分,将结果写入考生文件夹下的out5.dat文件中,程序运行界面如右图所示。执行完毕,"开始"按钮变成"完成",且无效(变灰)。

第17套 上机考试试题

一、基本操作题

(1)在窗体上画一个列表框,名称为List1,通过属性窗口向列表框中添加3个项目,分别为"Item1"、"Item2"和"Item3"。编写适当的事件过程。使程序运行后,如果双击Form1空白处,则清空列表框中的内容。程序运行时窗体界面如下图左图和下图右图所示。

注意:存盘时必须存放在考生文件夹下,工程文件名为sj1.vbp,窗体文件名为sj1.frm。

(2)在窗体上画两个命令按钮,名称分别为 Command1、Command2,标题分别为"启用"、"禁用",一个名称为 Text1 的
Text 控件。请编写适当的事件过程,使得程序在运行时,单击"启用"按钮,Text1 会变为有效,而当单击"禁用"命令按钮后
Text1 变为无效。程序中不得使用任何变量,程序运行时的窗体界面如图左图和图右图所示。

 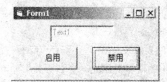

注意:保存时必须存放在考生文件夹下,窗体文件名为 sj2.frm,工程文件名为 sj2.vbp。

二、简单应用题

(1)在考生目录下有一个工程文件 sj3.vbp,窗体中有一个命令按钮,标题为"向左移动",名称为 Command1,还有一个计
时器,名称为 Timer1,并给出了两个事件过程,但并不完整,要求:

设置计时器的属性,使其在初始状态不计时;设置计时器的属性,使其每隔 0.3 秒调用
Timer1事件过程一次。

去掉程序中的注释符"′",把程序中的"?"改为正确的内容,使得在运行时单击"向左移动"按
钮,则按钮每隔 0.3 秒向左移动一次,当移出窗体时返回窗体的右端,如右图所示。

注意:不能修改程序中的其他部分,最后把修改后的文件按原文件名存盘。

(2)在考生文件夹中有文件 sj4.vbp 及其窗体文件 sj4.frm,窗体已经设计好,要求考生用 If 语句编写程序,使得程序运
行时,满足下列要求。不得使用任何变量。存盘时不得改变文件夹和文件名。

本题描述如下:

窗体上有两个复选框,名称分别为 Check1 和 Check2,标题分别为"英语"和"德语"两个单选按钮,名称分别为 Option1
和 Option2,标题分别为"我会"和"我不会";一个名称为 Label1 的标签;一个名称为 Command1、标题为"输出"的命令按钮。
要求程序运行后,对复选框和单选按钮进行选择,然后单击按钮,可根据下表的规定在标签中显示相应的信息:

標签中显示相应的信息

选 择 项	标签中显示的信息
Check1、Check2、Option1	我既会英语也会德语
Check1、Option1	我只会英语
Check2、Option1	我只会德语
Check1、Check2、Option2	我既不会英语也不会德语
Check1、Option2	我不会英语
Check2、Option2	我不会德语

程序运行时的界面如右图所示。

三、综合应用题

打开考生文件夹下的 sj5.vbp,在名称为 Form1 的窗体上建立两个命令按钮,名称分别为 Command1 和 Command2,命
令按钮上分别显示"输入"和"结果"(如下图所示)。程序运行时单击"输入"按钮,输入 6 个数放入数组 a 中,单击"结果"按
钮,则把数组 a 中的数值按照降序排列。请在有"?"号的地方填写正确内容,然后删除"?"及代码前的所有注释符(即′号),但
不能修改其他部分。

注意:存盘时不得改变文件名和文件夹。

第18套　上机考试试题

一、基本操作题

请根据以下各小题的要求设计 Visual Basic 应用程序（包括界面和代码）。

（1）在名称为 Form1 的窗体上建立一个名称为 Command1，宽度为 1600，高度为 600，标题为"输出"的命令按钮，编写适当的事件过程，要求程序运行后，如果单击"输出"命令按钮，则在窗体上显示"Hello World!"，如下图左图所示。程序中不能使用任何变量，直接显示字符串。

注意：保存时必须存放在考生文件夹下，窗体文件名为 sj1.frm，工程文件名为 sj1.vbp。

（2）在名称为 Form1 的窗体上建立两个名称分别为 Command1 和 Command2，标题分别为"上午"和"下午"的命令按钮。编写适当的事件过程，要求程序运行后，如果单击"上午"命令按钮，在窗体上显示"上午 9：00－12：00"；如果单击"下午"命令按钮，在窗体上显示"下午 12：00－18：00"。程序中不能使用任何变量，直接显示字符串。程序运行结果如下图右图所示。

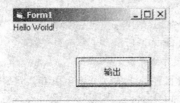 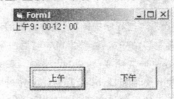

注意：保存时必须存放在考生文件夹下，窗体文件名为 sj2.frm，工程文件名为 sj2.vbp。

二、简单应用题

（1）在窗体上建立一个名称为 Text1 的文本框，然后建立两个主菜单，标题分别为"操作系统"和"帮助"，名称分别为 vbOS 和 vbHelp，其中"操作系统"菜单包括"Windows"、"Unix"和"AppleMacOS"三个子菜单，名称分别为 vbOS1、vbOS2 和 vbOS3。要求程序运行后，在"操作系统"的下拉菜单中选择"Windows"，则在文本框内显示"个人用户"；如果选择"Unix"，则在文本框内显示"服务器"；如果选择"AppleMacOS"，则在文本框内显示"苹果电脑"，如右图所示。

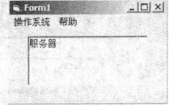

注意：保存时必须存放在考生文件夹下，窗体文件名为 sj3.frm，工程文件名为 sj3.vbp。

（2）在考生文件夹中有文件 sj4.vbp 及其窗体文件 sj4.frm，该程序是不完整的，请在有"?"的地方填入正确内容，然后删除"?"及代码前的所有注释符（即'号），但不能修改其他部分。存盘时不得改变文件夹和文件名。

本题描述如下：

窗体上有一个名称为 Text1 的文本框，两个复选框，名称分别为 Check1 和 Check2，标题分别为"C++"和"Basic"。要求程序运行后，如果 Check1 和 Check2 都不选，则单击窗体后，在文本框中什么都不显示；如果只选中 Check1，则单击窗体后，在文本框中显示"我掌握 C++"；如果只选中 Check2，则单击窗体后，在文本框中显示"我掌握 Basic"；如果同时选中 Check1 和 Check2，则单击窗体后，在文本框中显示"我掌握 C++ 和 Basic"。程序运行后，若选择 Check2，则单击窗体后，显示界面如右图所示。

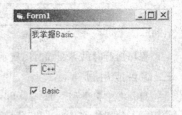

三、综合应用题

在考生文件夹中有工程文件 sj5.vbp 及其窗体文件 sj5.frm，该程序是不完整的，请在有"?"的地方填入正确内容，然后删除"?"及代码前的所有注释符（即'号），但不能修改其他部分。存盘时不得改变文件名和文件夹。

本题描述如下：

在名称为 Form1 的窗体上有一个文本框，名称为 Text1、MultiLine 属性为 True、ScrollBars 属性为 2；两个命令按钮，名称分别为 Command1 和 Command2，标题分别为"读取"和"计算保存"，运行界面如右图所示。要求程序运行后，如果单击"读取"按钮，则读入"in.txt"文件中的 50 个整数，放入一个数组中（数组下界为 1），同时在文本框中显示出来；如果单击"计算保存"按钮,则计算大于或等于 500 的所有数的平均数,并把求得的结果在文本框 Text1 中显示出来,同时把该结果存入考生文件夹中的文件"out.txt"中(在考生文件夹下的标准模块 mode.bas 中的 write-data 过程可以把结果存入指定的文件)。

　　注意:文件必须存放在考生文件夹下,窗体文件名为 sj5.frm,工程文件名为 sj5.vbp,计算结果存入 out.txt 文件,否则没有成绩。

第19套　上机考试试题

一、基本操作题

　　请根据以下各小题的要求设计 Visual Basic 应用程序(包括界面和代码)。

　　(1)在 Form1 的窗体上画一个名称为 Pic1 的图片框,然后建立一个主菜单,标题为"颜色",名称为 vbColor,该菜单有两个子菜单,其标题分别为"红色"和"绿色",名称分别为 vbRed 和 vbGreen。编写适当的事件过程,使程序运行后,如果单击"颜色"菜单中的"红色"命令,则图片框为红色;如果单击"绿色"命令,则图片框为绿色。程序的运行情况如右图所示。

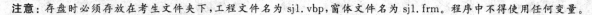

　　注意:存盘时必须存放在考生文件夹下,工程文件名为 sj1.vbp,窗体文件名为 sj1.frm。程序中不得使用任何变量。

　　(2)在 Form1 的窗体上画一个列表框,名称为 List1,通过属性窗口向列表框中添加 3 个项目,分别为"Item1"、"Item2"和"Item3"。编写适当的事件过程,过程中只能使用一条命令。程序运行后,如果双击列表框中的某一项,则把该项添加到列表框的最后一行。程序的运行界面如右图所示。

　　注意:存盘时必须存放在考生文件夹下,工程文件名为 sj2.vbp,窗体文件名为 sj2.frm。

二、简单应用题

　　(1)在考生文件夹下有工程文件 sj3.vbp 及窗体文件 sj3.frm,该程序是不完整的,请在有"?"的地方填入正确内容,然后删除"?"及代码前的所有注释符(即'号),但不能修改其他部分。存盘时不得改变文件名和文件夹。

　　本题描述如下:

　　在名称为 Form1 的窗体上有两个 Label 控件和两个命令按钮,Label 控件均为提示信息。命令按钮 Command1 和 Command2,程序运行后,单击"开始"按钮,程序自动利用循环计算 $1+1/2+1/4+1/8+1/16+1/32$ 的结果,并把结果写入到考生文件夹下的out3.txt文件中。执行完毕"开始"按钮变成"完成"按钮,且无效(变灰)。程序运行界面如下图所示。

　　(2)在考生文件夹下有工程文件 sj4.vbp 及窗体文件 sj4.frm,该程序是不完整的,请在有"?"的地方填入正确内容,然后删除"?"及代码前的所有注释符(即'号),但不能修改其他部分。存盘时不得改变文件名和文件夹。

　　本题描述如下:

　　程序启动时文本框的默认文字为"模拟试题",默认字体为"宋体",字号为五号,无特殊字体。程序运行过程中可以修改文本框的内容,在单击"还原"按钮时,恢复启动时的状态;在单击"清空"按钮后,文本框的内容为空,并恢复默认的字体。选择相应的字体和字形可以设置文本框内文字的字体和属性。程序运行界面如下图所示。

三、综合应用题

　　在考生文件夹下有工程文件 sj5.vbp 及窗体文件 sj5.frm,该程序是不完整的,请在有"?"的地方填入正确内容,然后删除"?"及代码前的所有注释符(即'号),但不能修改其他部分。存盘时不得改变文件名和文件夹,相应的 dat 文件也保存到考生文件夹下,否则没有成绩。

本题描述如下:

在名称为 Form1 的窗体上有一个 Label 控件和两个命令按钮,数据文件 sjin. dat 存放一些字符。按"开始"按钮后,能从考生文件夹下的 sjin. dat 中读出数据并分别统计出其中数字、字母和其他类型字符的个数,将结果写入考生文件夹下的 sjout. dat 文件中(以标准格式在一行中输出);执行完毕,"开始"按钮变成"完成"按钮,且无效(变灰)。程序运行界面如右图所示。

第20套　上机考试试题

一、基本操作题

(1)在名称为 Form1 的窗体上建立一个名称为 Command1,标题为"输出"的命令按钮,再建立一个名称为 Text1 的文本框,字体为四号常规黑体,编写适当的事件过程,要求程序运行后,如果单击"输出"命令按钮,则在文本框上显示"模拟考试",如下图左图所示。程序中不能使用任何变量,直接显示字符串。

注意:保存时必须存放在考生文件夹下,窗体文件名为 sj1.frm,工程文件名为 sj1.vbp。

(2)在名称为 Form1 的窗体上画一个标签,名称为 Label1,边框属性为1;再画一个命令按钮,名称为 Command1,标题为"最右端",运行界面如下图右图所示。请编写适当的事件过程,使运行界面在运行时,单击"最右端"按钮,则标签水平移动到窗体的最右端。程序中不得使用任何变量。

注意:存盘时必须存放在考生文件夹下,工程文件名为 sj2.vbp,窗体文件名为 sj2.frm。

二、简单应用题

(1)在考生文件夹下有工程文件 sj3.vbp 及窗体文件 sj3.frm,该程序是不完整的,请在有"?"的地方填入正确内容,然后删除"?"及代码前的所有注释符(即'号),但不能修改其他部分。存盘时不得改变文件名和文件夹。

本题描述如下:

在窗口中有一个 Text 文本框控件,名称为 Text1,一个 Label 标签,名称为 Label1,两个命令按钮,名称为 Command1,标题为"读入文件"。要求程序运行后,单击 Command1 将 in. txt 的内容显示到 Text1 中,并统计 Text1 有多少个字符,将结果显示在 Label1 中。程序运行界面如左下图所示。

(2)在考生文件夹下有一个工程文件 sj4.vbp,相应的窗体文件名为 sj4.frm,求数组的中间值。程序运行后,单击"读入"按钮,通过输入对话框输入 5 个整数,然后单击"取中间值"命令按钮,即可求出数组的中间值,并在名称为 Label1 的标签上显示出来,如右下图所示。这个程序不完整,请把它补充完整,并能正确运行。

要求:去掉程序中的注释符"'",把程序中的"?"改为正确的内容,使其实现上述功能,但不能修改程序中的其他部分,最后把修改后的文件按原文件名存盘。

三、综合应用题

去掉程序中的注释符"'",把程序中的"?"改为正确的内容,使其实现下述功能,但不能修改程序中的其他部分。

在窗体上有 3 个命令按钮,名称分别为 Read、Cal 和 Save,标题分别为"读入数据"、"判断计算"和
"保存",还有两个文本框(名称分别为 Text1 和 Text2,其中 Text1 的 MultiLine 属性设置为 True,
ScrollBars 属性设置为 2),程序运行界面如右图所示。

程序运行后,如果单击"读入数据"按钮,则读入 sjin. txt 文件中的 50 个整数,放入一个数组中,数组的下界为 1;如果单击"判断计算"按钮,则把该数组中大于 400 且是奇数的元素在文本框中显示出来,并求出它们的和,并把所求得的和在 Text2 中显示出来;如果单击"保存"按钮,则把所求得的和存入考生文件夹下的 sjout. txt 文件中。

在考生文件夹下有一个工程文件 sj5. vbp,输出文件名为 sjout. txt。

注意:考生不得修改窗体文件中已经存在的程序。存盘时,工程文件名仍为 sj5. vbp,窗体文件名仍为 sj5. frm。

第4章 笔试考试试题答案与解析

 第1套　笔试考试试题答案与解析

一、单选题

1．D。【解析】重复结构又称为循环结构，它根据给定的条件，判断是否需要重复执行某一相同或类似的程序段，利用重复结构可以简化大量的程序行。

2．C。【解析】根据数据结构对栈的定义及其特点可知：栈是限定只在表尾进行插入或删除操作的线性表，因此栈是先进后出的线性表，对栈的插入与删除操作，不需要改变栈底元素。

3．D。【解析】数据处理是指将数据转换成信息的过程，故选项A叙述错误；数据的物理独立性是指数据的物理结构的改变不会影响数据库的逻辑结构，故选项B叙述错误；关系中的行称为元组，对应存储文件中的记录，关系中的列称为属性，对应存储文件中的字段，故选项C叙述错误。

4．A。【解析】软件概要设计的基本任务是：设计软件系统结构；数据结构及数据库设计；编写概要设计文档；概要设计文档评审。

5．D。【解析】在各种排序方法中，快速排序法和堆排序法的平均速度是最快的，因为它们的时间复杂度都是$O(n\log_2 n)$，其他的排序算法的时间复杂度大都是$O(n^2)$。

6．A。【解析】耦合是指模块之间的关联程度，内聚是指模块内部各部分的聚合程度。

7．C。【解析】软件工程是研究和应用如何以系统性的、规范化的、可定量的过程化方法来开发和维护软件，以及如何把经过时间考验而证明正确的管理技术和当前能够得到的最好的技术方法结合起来。软件工程的目标是生产具有正确性、可用性及开销合宜的产品，它的主要思想是强调在软件开发过程中需要应用工程化原则。

8．C。【解析】关系模型允许定义3类数据约束，即实体完整性约束、参照完整性约束和用户自定义完整性约束。其中前两种完整性约束由关系数据库系统支持，用户自定义完整性约束则由关系数据库系统提供完整性约束语言，用户利用该语言给出约束条件，运行时由系统自动检查。

9．D。【解析】软件是程序、数据与相关文档的集合，它是一个逻辑实体。软件的开发要受计算机系统的限制，例如硬件系统的限制、软件操作系统的限制等。

10．C。【解析】层次模型是数据库系统中最早出现的数据模型，它用树型结构来表示各类实体及实体间的联系。在现实世界中事物之间的联系更多的是非层次关系的，用层次模型表示非树型结构很不直接，网状模型则用来表示非树型结构。关系模型是目前最重要的一种数据模型，它建立在严格的数学概念基础上。关系模型由关系数据结构、关系操作系统和关系完整性约束3部分组成。

11．C。【解析】双击窗体上的某个控件，打开代码窗口，并定位到该控件的相关方法。

12．C。【解析】Visual Basic控件中，PitureBox和Frame可以作为其他控件的容器，而Data和Image则不能。

13．C。【解析】Visual Basic中的一个工程可包含一个或多个窗体，但最多只能是255个。

14．C。【解析】窗体的BorderStyle属性用来设置窗体的格式，它有6个可选值。

0—none：没有边框或与边框相关的元素。

1—fixed single：可以包含控制菜单框、标题栏、"最大化"和"最小化"按钮。只有使用最大化和最小化按钮才能改变大小。

2—sizable：默认值。可以使用设置值1列出的任何可选边框元素重新改变尺寸。

3—fixed dialog：可以包含控制菜单框和标题栏，不能包含最大化和最小化按钮，不能改变尺寸。

4—fixed toolwindow：不能改变尺寸。显示关闭按钮并用缩小的字体显示标题栏。窗体在Windows的任务条中不显示。

5—sizable toolwindow：可变大小。显示关闭按钮并用缩小的字体显示标题栏。窗体在Windows的任务条中不显示。

根据本题的要求,应设置 BorderStyle 的值为 Fixed Dialog。

15. C。【解析】本题考查了3个系统函数:Chr()、Asc()、UCase()。它们的功能分别是将 ASCII 码值转换为字符;将字符转化为 Ascii 码值;将字符转化为大写字符串。KeyPreview 属性返回或设置一个值,以决定是否在控件的键盘事件之前激活窗体的键盘事件。键盘事件有 KeyDown、KeyUp 和 KeyPress,主要应用于 Form 对象。本题的程序执行时,当按下"A"时,则"A"的 Ascii 码值传给函数体,并转换为字符赋给变量 ch,再将 ch(即"A")的 Ascii 值赋值给 KeyAscii,最后将 KeyAscii 值加2并转化为字符打印输出,即结果为字母"C"。

16. B。【解析】Visual Basic 中定义一个静态变量的语法为:Static 变量名 As 变量类型。故选项B正确。此外,在 Visual Basic 中,Static 类型的变量不能在标准模块的声明部分定义,为了使过程中所有的局部变量为静态变量,可在过程头的起始处加上 Static 关键字。这就使过程中的所有局部变量都变为静态变量。

17. B。【解析】InputBox 函数用来显示一个输入框,并提示用户在文本框中输入文本、数字或选中某个单元格区域,当按下确定按钮后,返回包含文本框内容的字符串。

18. D。【解析】本题定义了一个函数 Sub,默认为地址传递参数,首先对第一个参数进行除操作,第二个进行取余操作,调用后变量改变。结果为选项D。

19. B。【解析】本题考查字符串函数。Left(字符串,n):取字符串左部的n个字符;Mid(字符串,p,n):从位置p开始取字符串的n个字符;Right(字符串,n):取字符串右部的n个字符。分析题中的4个选项可知正确答案为选项B。

20. A。【解析】本题考查 Timer 控件的使用。Timer 中 Interval 的单位为毫秒,设置为500意味着每隔0.5秒作用一次。Timer 的 Enabled 属性指示 Timer 控件是否可用。同时本题还考查了对 Label 控件的属性的掌握:Left 属性为 Label 的左边界的坐标,Width 为 Label 的宽度。本程序中单击按钮后,Label1 将每隔0.5秒向右移动,当移动到 Left>Width 时,Label1 重定位到窗体的左边界,然后继续移动。选项A是错误的。

21. C。【解析】本题考查 Visual Basic 中滚动条控件的特征,当在滚动条内拖动滚动块时触发 Scroll 事件。当按下键盘上的某个键时,将触发 KeyPress 事件。

22. B。【解析】Mid 函数的语法格式为:Mid(字符串,p,n),功能是从位置p开始取字符串的n个字符。"&"用于连接两个字符串。在本题程序的 For 循环中,逐个将 ch 的元素倒序连接到 s 后,因此最后的结果为 FEDCBA。

23. C。【解析】程序是三重循环,但是在最外层循环每次对 y 初始化为20,第二层每次对其初始化为10,因此外两层循环不能改变 y 的值,考生只需注意内层循环即可得出答案为40。

24. B。【解析】程序先进行 Do While 循环,然后将求得的 n 和 x 的值转换为字符串输入到 Text1 和 Text2 中,结果为2和72。

25. D。【解析】本题中的数组定义从−3到5,一共有"−3、−2、−1、0、1、2、3、4、5"9个元素。

26. D。【解析】Index As Integer 用来指示控件数组的索引。因此此段代码说明有一个名称为 Command1 的控件数组,数组中有多个相同类型的控件。

27. A。【解析】程序为嵌套的 Select 语句。分析程序可知,程序只执行了"Print " * *0* *""语句,结果为选项A。

28. D。【解析】选项D将6个元素赋值给长度为5的数组,显然是错误的。

29. A。【解析】程序中二重循环对数组 array1 赋值 i+j,然后在 Text1 中显示,结果为12。

30. D。【解析】Visual Basic 编程环境规定,任何时刻最多只有一个窗体是活动窗体,同时不能把标准模块设置为启动模块。用 Hide 方法只是隐藏一个窗体,不能从内存中清除该窗体。如果工程中含有 Sub Main 过程,则程序也不一定首先执行该过程。

31. C。【解析】本题主要考查自定义过程的参数传递。在 Visual Basic 中,参数默认是按地址传递的,也就是使过程按照变量的内存地址去访问实际变量的内容。这样,将变量传递给函数时,通过函数可永远改变该变量值。如果想改变传递方式,可以在变量定义前加关键字 ByRef 或 ByVal。ByRef 为默认值,按地址传递,ByVal 按照值传递,函数调用后不改变变量值。

本题 Value 函数两个参数都是值传递,参数的值只会在函数里面变化,调用结束后,参数的值没有最终改变,故选项C正确。

32. C。【解析】分析本题程序可知,该事件过程用来建立一个 Open 对话框,可以在这个对话框中选择要打开的文件,并且选择后单击"打开"按钮,所选择的文件名即作为对话框的 FileName 属性值。另外 CommonDialog 有两种打开方式,一是设置 Action 的值,另一种方法是直接设置打开方式,如 Cont.ShowOpen,建立一个 Open 对话框。因此 Open 对话框只用来选择文件。

33. C。【解析】在 KeyUp 和 KeyDown 事件中,大写字母和小写字母具有相同的 KeyCode,大小键盘上的数字具有不同的 KeyCode。因此选项 A,B 正确。KeyPress 事件可以识别键盘上某个键的按下与释放,识别的是按键的 Ascii 码。

34. A。【解析】标准模块对整个工程通用,应选取"工程"菜单下的"添加模块"命令。

35. D。【解析】Visual Basic 中,LOC 函数是用来在已打开的文件中指定当前读/写的位置,LOF 函数是用来返回已打开文件的长度,EOF 函数是用来判断是否到达已打开文件的尾部。

二、填空题

1. 继承【解析】类是面向对象语言中必备的程序语言结构,用来实现抽象数据类型。类与类之间的继承关系实现了类之间的共享属性和操作,一个类可以在另一个已定义的类的基础上定义,这样使该类型继承了其父类的属性和方法,当然也可以定义自己的属性和方法。

2. 空间【解析】算法的复杂度主要包括时间复杂度和空间复杂度。

3. 数据元素【解析】数据的基本单位是数据元素。

4. 驱动模块【解析】在进行模块测试时,要为每个被测试的模块另外设计两类模块:驱动模块和承接模块(桩模块)。驱动模块的作用是将测试数据传送给被测试的模块,并显示被测试模块所产生的结果。桩模块用来代替被测模块所调用的模块,返回被测模块所需的信息。

5. 概念设计【解析】本题考查数据库设计的流程,数据库设计按流程分为以下阶段:需求分析阶段→概念设计阶段→逻辑设计阶段→物理设计阶段→数据库实施阶段→数据库运行、维护阶段。

6. 预定义对象、用户定义对象【解析】在 Visual Basic 中,对象分为两类:预定义对象和用户定义对象,预定义对象是由系统设计好的,可以直接使用或对其进行操作;而用户定义对象中的对象可由用户自己定义,建立自己的对象。

7. A【解析】Chr$(表达式),其中"表达式"的值应该是合法的 Ascii 码值,Chr$()函数把"表达式"的值转换为相应的 Ascii 字符。本题中 X=65 对应的 Ascii 码是字符 A,所以显示的结果应该是 A。

8. "Welcome to Beijing!"

Current X=x

Print【解析】该题中主要考查了赋值语句与显示语句。赋值语句是根据图示给出的信息,填写字符串,然后用 Print 命令,使字符串显示在窗体上。赋值语句为 Sample$="Welcome to Beijing!";输出语句为:Print Sample$。

9. List1_DblClick

List1. Text【解析】双击列表框中的某个项目时,将激活 List1_DblClick 事件,因此应填 List1_DblClick,用来在 Label 中显示文本,因此填 List1. Text。

10. Me. Hide 或 Form1. Hide

show【解析】本题考查关于窗体的操作,其显示和隐藏分别用 Show 和 Hide。

第2套 笔试考试试题答案与解析

一、单选题

1. D。【解析】对于软件设计中的模块设计要保证高内聚和低耦合,源程序要有文档说明,同时对程序中数据的说明要规范化。goto 语句破坏程序的结构,要尽量避免使用。

2. D。【解析】程序调试就是来诊断和改正程序中的错误,由程序开发者完成。软件测试是为了发现错误而执行程序的过程,它由专门的测试人员完成。软件维护是指软件系统交付使用以后,为了改正错误或满足新的需要而修改软件的过程,是软件生存周期中非常重要的一个阶段。

3. D。【解析】本题主要考查对排序算法的理解。冒泡排序法首先将第一个记录的关键字与第二个记录的关键字进行比较,若逆序则交换,然后比较第二个与第三个,以此类推,直至第 n−1 个与第 n 个记录的关键字进行比较。第一趟冒泡排序使最大的关键字元素放到最后。以此类推,进行第 2~n 次冒泡排序。如果在排序过程中不存在逆序,则排序结束。在最坏情况下,冒泡排序中,若初始序列为"逆序"序列,需要比较 n(n−1)/2 次。快速排序是对冒泡排序的一种改进。它的基本思想是:通过一趟排序将待排记录分割成独立的两部分,其中一部分记录的关键字比另一部分记录的关键字小,然后分别对这两部分记录继续进行排序,最终达到整个记录有序。对于快速排序,若初始记录序列按关键字有序或基本有序时,快速排序退化冒泡排序，最坏情况下比较次数为 $n(n-1)/2$。

4. B。【解析】耦合是指模块之间的关联程度，而内聚是指模块内部各部分的聚合程度。模块之间的关联程度越小，模块内部的聚合程度越高，就越容易维护。在程序设计中应追求高内聚低耦合。

5. D。【解析】PDL 是过程设计语言(Procedure Design Language)的简写，也称程序描述语言，用于描述模块算法设计和处理细节的语言；N－S 图是编程过程中常用的一种分析工具，提出了最初分析问题方法；PAD 是问题分析图(Problem Analysis Diagram)的简写，它用二维树型结构的图表示程序的控制流，将这种图转换为程序代码比较容易；DFD(数据流图)是描述数据处理过程的工具。

6. C。【解析】关系代数中的集合运算有并、差、交和笛卡儿积 4 种。根据本题关系 T 中的元组可知，它是由关系 R 和关系 S 进行笛卡儿积运算得到的。

7. B。【解析】关系数据库逻辑设计的主要工作是将 E－R 图转换成指定 RDBMS 中的关系模式。从 E－R 图到关系模式的转换是比较直接的，实体与联系都可以表示成关系，E－R 图中属性也可以转换成关系的属性。实体集也可以转换成关系。

8. B。【解析】字串的定位操作通常称为串的模式匹配，是各种串处理系统中最重要的操作之一。

9. C。【解析】实体是客观存在且可以相互区别的事物。实体可以是具体的对象，如一个人，也可以是抽象的事件，如拔河比赛等。因此，实体既可以是有生命的事物，也可以是无生命的事物，但它必须是客观存在且可以相互区别的。

10. B。【解析】数据库系统由数据库、数据库管理系统、数据库应用系统、数据库管理员和用户构成。所谓数据库是指长期存储在计算机内的、有组织的、可共享的数据集合，数据库管理系统是位于用户与操作系统之间的一层数据管理软件，是数据库系统的核心组成部分，可以管理数据，并提供用户操作的接口。

11. C。【解析】通用对话框需要用户自己手动添加才能加到工具箱中。

12. A。【解析】本题考查 Visual Basic 编程环境的使用。双击程序代码的窗口的垂直滚动条上面的"拆分栏"可以将代码窗口分成两部分，但两个窗口显示的代码是一样的。其他 3 个选项说法均正确。

13. A。【解析】窗体的 Name 属性指定窗体的名称，用来标识一个窗体，不能为空，也不能在运行期间改变其值。窗体的 Caption 属性的值是显示在窗体标题栏中的文本。

14. C。【解析】Visual Basic 中常量分为两种：文字常量和符号常量。一般格式为：

Const 常量名＝表达式[,常量名＝表达式]...

选项 C 不符合语法规定。

15. B。【解析】本题考查方法的定义与特点。在调用方法时，对象名称可以省略，如调用 Print 方法的格式为：[对象名称.]Print[表达式表][,|;]。

16. D。【解析】本题考查 Visual Basic 中字符串处理函数。Right(字符串,n)：取字符串右部的 n 个字符；Mid(字符串,p,n)：从位置 p 开始取字符串的 n 个字符；UCase(字符串)：把小写字母转换为大写字母；明白上述函数的功能后，不难得出本题的结果为选项 D。

17. D。【解析】MsgBox 函数的格式为：MsgBox(msg[,type][,title][,helpfile,context])。该函数有 5 个参数，除第二个参数外，其余参数都是可选的。msg 是一个字符串，该字符串的内容将在由 MsgBox 函数产生的对话框内显示。type 是一个整数值或符号常量，用来控制在对话框内显示的按钮、图标的种类及数量。该参数的值由 4 类数值相加产生，这 4 类数值或符号常量，分别表示按钮的类型、显示图标的种类、活动按钮的位置及强制返回。title 是一个字符串，用来显示对话框的标题。helpfile,context：helpfile 是一个字符串变量或字符串表达式，用来表示帮助文件的名字；context 是一个数值变量或表达式，用来表示相关帮助主题的帮助目录号。MsgBox 函数也可以写成语句形式，即 MsgBox Msg$[,type%][,title$][,helpfile,context]。各参数的含义及作用与 MsgBox 函数相同，由于 MsgBox 语句没有返回值，因而常用于较简单的信息显示。

18. A。【解析】BackStyle 属性用来设置背景是否透明。

0—Transparent 透明。

1—Opaque 不透明。

BorderStyle 属性用来设置窗体的格式，它有 6 个可选值：

0—none 无(没有边框或与边框相关的元素)。

1—fixed single 固定单边框。可以包含控制菜单框、标题栏、"最大化"按钮和"最小化"按钮。只有使用最大化和最小化按钮才能改变大小。

2—sizable（默认值）可调整的边框。可以使用设置值 1 列出的任何可选边框元素重新改变尺寸。

3—fixed dialog　固定对话框。可以包含控制菜单框和标题栏,不能包含最大化和最小化按钮,不能改变尺寸。

4—fixed toolwindow　固定工具窗口。不能改变尺寸。显示关闭按钮并用缩小的字体显示标题栏。窗体在 Windows 的任务条中不显示。

5—sizable toolwindow　可变尺寸工具窗口。可变大小。显示关闭按钮并用缩小的字体显示标题栏。窗体在 Windows 的任务条中不显示。

综上可知,选项 A 正确。

19.D.【解析】Visual Basic 中要隐藏一个控件,需要设置该控件的 Visible 属性为 False,注意要和 Enabled 区分开来。

20.B.【解析】程序的二重循环中将数组 arr(10,10) 的 a(2,2) 到 a(4,4) 之间的元素赋值。根据题意 arr(2,2)、arr(3,3) 的值分别为 $2*2=4,3*3=9$,故 arr(2,2)＋arr(3,3)＝13。函数 Str 将 13 转换为字符串输出到 Label1.Caption 中。

21.C.【解析】本题考查 Visual Basic 控件的 Left 属性。为了使 Command1 右移 200,只需将其 Left 属性值加上 200。选项 A、B 为错误用法,Command 没有 Move 属性。

22.C.【解析】选项 A、B 先打印 *,然后判断条件是否符合条件,而选项 C、D 先判断后打印,显然选项 A、B 要多打印 *,排除。重点比较 Until a—b 和 Until a＞b 两个条件,选项 C 不打印 *,故选项 C 符合条件。

23.A.【解析】显示窗体的方法为 Show,调用的语法为:对象.方法名。因此,选项 A 正确。

24.A.【解析】程序设置—1 为输入终止符,当运行后输入—1 终止输入,进行处理。对于本题,当输入 5、4、3、2、1、—1 时,循环对 a、b、x 进行赋值,5、4、3 分别赋给 a、b、x,实质上无用,然后进行下次循环,2 赋给 a,1 赋给 b,到—1 终止,x＝—1,a 的值为 $2+1-1=2$,选项 A 正确。

25.D.【解析】本题考查几个常用的文本框的属性和方法:Text 属性设置控件中显示的文本内容;MaxLength 属性设置文本框中输入的字符串长度是否有限制;Change 事件,当文本框的内容被修改时触发。SetFocus 方法将焦点移动到指定的对象。

26.A.【解析】PopupMenu 方法用来显示弹出式菜单,其格式为:[对象.]PopupMenu 菜单名[,Flags][,X,Y,][BoldCommand]。其中,[,Flags][,X,Y,]用来设置菜单的显示位置。为了显示菜单,通常把 PopupMenu 方法放到 MouseDown 事件中,按照惯例,一般通过单击鼠标右键显示菜单,这可以用 Button 参数来实现,鼠标右键的参数为 2,因此选项 A 正确。

27.A.【解析】本题首先对 a(i) 赋值为 i,然后利用 a(i) 对 p 赋值,p(0)＝a(1)＝1,p(1)＝a(3)＝3,p(2)＝a(5)＝5,最后 k＝13＋5＋2＝20。

28.B.【解析】本题考查 Visual Basic 中标识符的命名规则。标识符命名规则主要有以下几点:

(1)不能以系统关键词命名,排除选项 A。

(2)标识符由字母、数字和下画线组成,且必须以字母开头,不能以数字开头,排除选项 C、D。

(3)不能在标识符中出现“.”、空格、!、@、#、$、%、& 等字符。

(4)标识符长度不得超过 255 个字符。

(5)标识符在有效范围内必须唯一。

29.C.【解析】在 Visual Basic 中,参数默认是按地址传递的,也就是使过程按照变量的内存地址去访问实际变量的内容。这样,将变量传递给函数时,通过函数可永远改变该变量的值。如果想改变传递方式,可以在变量定义前加关键字 ByRef 或 ByVal。ByRef 为默认值,按地址传递,ByVal 按照值传递,函数调用后不改变变量值。本题中函数为值传递参数,因此在函数中参数值发生变化,但调用结束后参数的值不会改变。

30.B.【解析】本题考查对菜单的操作。PopupMenu 方法用来显示弹出式菜单,其格式为:

[对象.]PopupMenu 菜单名[,Flags][,X,Y,][BoldCommand]

其中,除了菜单名以外,其他均为可选参数。[,Flags][,X,Y,]用来设置菜单的显示位置。为了显示菜单,通常把 PopupMenu 方法放到 MouseDown 事件中,按照惯例,一般通过单击鼠标右键显示菜单,这可以用 Button 参数来实现,对于两个键的来说,左键的 Button 参数值为 1,右键的 Button 参数为 2,所以单击鼠标右键不能弹出菜单,本题正确答案为选项 B。

31.C.【解析】对于菜单操作来说,如果要访问子菜单不需要通过主菜单来访问。因此排除 B、D,根据题意可知应将 bigicon 的 Checked 属性置为 True。

32.A.【解析】本题考查通用对话框为打开文件时的属性设置。如果需要指定文件列表框所列出的文件类型是文本文件,正确的描述如选项 A 所示。

33.C。【解析】程序定义了 Form_KeyPress 事件过程,在此过程中,如果按回车键,即 Ascii＝13,则将执行程序中的 For 循环,实现求数组中最大值的操作,并记录最大值的下标,故正确答案为选项 C。

34.B。【解析】驱动器列表框(DriveListBox)用来显示当前机器上的所有盘符。其 Drive 属性用于指定包含当前选定的驱动器名。驱动器列表框的 Change 事件是在选择一个新的驱动器或通过代码改变 Drive 属性的设置时发生。

35.A。【解析】本题要求向文件中写入数据,因此必须以 Output 格式打开文件,故排除选项 B、D,用 Print 和 Write 语句都可以实现向文件中写数据,二者基本功能相同。选项 C 的 Write 操作直接将结构体实例 B 写入文件,会引起错误,需要逐字段写入,选项 A 正确。

二、填空题

1.类【解析】类是具有相同特征的对象的抽象,描述的是具有相似属性与操作的一组对象。对象是类的实例。

2.格式化模型【解析】数据模型分为格式化模型与非格式化模型,层次模型与网状模型属于格式化模型。

3.相邻【解析】顺序存储属于数据的存储结构的一种,它是指数据结构(数据的逻辑结构)在计算机中的表示,是把逻辑上相邻的结点存储在物理位置相邻的存储单元中。

4.软件生命周期【解析】软件产品从考虑其概念开始,到该软件产品不能使用为止的整个时期都属于软件生命周期。一般包括可行性研究与需求分析、设计、实现、测试、交付使用及维护等活动。

5.数据库系统【解析】相对于文件系统人工管理和数据项管理,数据库系统的数据独立性大大增加。

6.GotFocus、LostFocus【解析】Visual Basic 开发环境中,一个对象得到和失去焦点分别对应 GotFocus 和 LostFocus 事件。

7.a(i)＝Int(Rnd() ＊ 200＋100)

a(i) Mod 7＝0

End If【解析】根据题意,随机产生 100～300 之间的 10 个数,存入数组 a,因此应调用 Rnd 函数,故填 a(i)＝Int(Rnd ＊ 200＋100)。用来判断数组中的元素是否能被 7 整除,应填 a(i) Mod 7＝0。用来结束 If 语句,应填 End If。

8.9【解析】分析本题,在 2.6 到 4.9 之间,按步长 0.6 循环,共循环 4 次,因此结果为 9。

9.KeyAscii "END" Text1.Text【解析】第一空是通过参数检测用户是否按下 Enter 键,第二空处是如果文本框中的字符串是"END"时,用户按下 Enter 键的响应操作。第三空是将文本框中的文本保存到文件中。

10.PopupMenu【解析】本题考查菜单操作,弹出式菜单的弹出命令是:Popupmenu 菜单名。

 第3套 笔试考试试题答案与解析

一、单选题

1.A。【解析】程序设计的风格主要强调程序的简单、清晰和可理解性,以便读者理解。程序滥用 GOTO 语句将使程序流程无规律,可读性差;添加注释行有利于对程序的理解,不应减少或取消,程序的长短要依据实际的需要而定,并不是越短越好。

2.D。【解析】需求分析是软件定义时期的最后一个阶段,它的基本任务就是详细调查现实世界要处理的对象,充分了解原系统的工作概况,明确用户的各种需求,然后在这些基础上确定新系统的功能。

3.C。【解析】结构化分析方法是面向数据流进行需求分析的方法,采用自顶向下、逐层分解,建立系统的处理流程,以数据流图和数据字典为主要工具,建立系统的逻辑模型。

4.B。【解析】根据二分法查找法需要两次:(1)首先将 90 与表中间的元素 50 进行比较,由于 90 大于 50,所以在线性表的后半部分查找。(2)第二次比较的元素是后半部分的中间元素,即 90,这时两者相等,即查找成功。

5.C。【解析】软件测试是为了尽可能多地发现程序中的错误,尤其是发现至今尚未发现的错误。

6.A。【解析】作为一个算法,一般应该具有下列 4 个特征:(1)可行性,即考虑到实际的条件能够达到一个满意的结果;(2)确定性,算法中的每一个步骤都必须是有明确定义的;(3)有穷性,一个算法必须在有限的时间内做完;(4)拥有足够的情报。

7.D。【解析】在线性链表中,各元素在存储空间中的位置是任意的,各元素的顺序也是任意的,依靠指针来实现数据元素的前后关系。

8.B。【解析】对二叉树的中序遍历是指：首先遍历左子树，然后访问根结点，最后遍历右子树。在遍历左、右子树时，注意依旧按照"左子树—根结点—右子树"的顺序。本题的遍历顺序是这样的：

(1)首先访问左子树：BDEY；(2)在左子树BDEY中，也按中序遍历，先访问左子树DY；在左子树DY中，也按中序遍历，先访问左子树，左子树没有，则访问根结点D，然后访问右子树Y；(3)接着访问根B，再访问右子树E；(4)访问左子树BDEY后，接着访问根结点A，然后访问右子树CFXZ；(5)同理可得右子树CFXZ的访问顺序为FCZX。

9.D。【解析】交换排序方法是指借助数据元素之间的互相交换进行排序的一种方法，包括冒泡排序和快速排序。冒泡排序是一种最简单的交换排序方法，它通过相邻元素的交换，逐步将线性表变成有序。

10.C。【解析】数据库系统(DBS)由数据库(DBS)、数据库管理系统(DBMS)、数据库管理员、硬件平台和软件平台5个部分组成，可见DB和DBMS都是DBS的组成部分。

11.D。【解析】一个算法空间复杂度是指算法所需要的内存空间。

12.B。【解析】Val函数返回包含于字符串内的合法数字。使用Val函数时应注意下列两点：(1)Val函数能够识别第一个可用的小数点分隔符；(2)在不能识别数字的第一个字符上停止读入字符串，如果第一个字符不为数字字符，返回0值。题中$12E2=0.123\times10^2=12.3$，因此表达式Val(".123E2")的值为12.3。

13.D。【解析】本题使用Sgn函数来判断某数的正负号。当参数大于0时，返回1；当参数等于0时，返回0；当参数小于0时，返回-1。

14.D。【解析】Click事件是在对象上按下然后释放一个鼠标按钮时触发的事件；DblClick事件是在对象上连续两次按下和释放鼠标按钮时触发的事件；GotFocus事件是在对象得到焦点时触发的事件；当用户向文本框输入新信息，或者当程序把文本框的Text属性设置为新值时触发Change事件。

15.D。【解析】文本框控件ScrollBar的属性设置有下列4种：0(默认值)没有滚动条、1(水平滚动条)、2(垂直滚动条)和3(水平和垂直滚动条两种)。

16.A。【解析】考生在使用For…Next循环语句时，必须了解它的注意事项：For循环语句的步长可以是正数或负数，但不能为0。如果为正数，说明循环变量是递增循环，当大于终值时，停止循环；如果为负数，说明循环变量是递减循环，当小于终值时，停止循环。

17.A。【解析】一般输出数组元素时，可以通过引用数组下标来逐个输出。在输出二维数组元素时，也可以采用同样的方法，只是二维数组需要引用两个下标来逐个输出。

18.C。【解析】本题主要考查函数返回值引用的方法。在引用函数时，只需应用该函数名即可。题中程序运算过程为：S$=P(1)+P(2)+P(3)+P(4)\rightarrow S=1+3+6+10=20$。

19.D。【解析】If条件语句中条件成立时，就会执行相应的语句块，然后执行End If后面的代码，而不是执行If语句所有的语句块，所以选项B错误；在某些情况下，可能有多个条件为True时，只执行第1个为True的条件后面的语句块，因此选项C错误；多行结构条件语句虽有多个条件，但也有可能一个条件都不成立，从而一个语句都不执行，所以选项A错误。

20.D。【解析】选项A中的语句是将图片框2的图片显示在图片框1中；选项B中的语句是在运行时载入图片；选项C是使用图片框控件的Print方法在图片框中输出文本；图片框控件没有Stretch属性。

21.D。【解析】本题比较简单，只要根据程序的执行条件和顺序，就可以运算出该程序的最后输出结果。程序运算过程是：If n=0 Then…else if n Mod 2=1 Then ppl=x*x+n，所以结果为16。

22.B。【解析】Index属性返回或设置唯一的标识控件数组中一个控件的编号；ListIndex属性返回或设置控件中当前选择项目的索引；ListCount属性返回列表控件中项目的个数；Text属性返回列表框中选择的项目，是string类型，这里需要一个数值类型，所以使用ListIndex。

23.A。【解析】Timer控件有两个重要的属性和一个事件。其中，Interval设置响应Timer事件的时间间隔，单位是毫秒。要每隔2秒显示一次当前时间，就是每隔2秒触发一次Timer()事件，所以应设置Interval属性为2000。

24.D。【解析】Value属性用来返回或设置复选框和单选按钮的状态。单选按钮的该属性有两个值：默认值False表示未选中，True表示选中。复选框的Value属性用来返回或设置控件的状态，它可取3种属性值：当取0时，表示未选中(默认值)；当取1时，表示选中；当取2时，表示变灰。运行时只有0和1两种状态。

25.D。【解析】InputBox函数用于产生一个输入对话框，在对话框中显示提示，等待用户在对话框中的文本框中输入内容或按下按钮，然后返回包含文本框内容的字符串。

26.B。【解析】控件数组中的控件共享同一个事件过程，相互间通过Index属性区别，题中单选按钮数组的单击事件中，有一个 Index 参数,单击不同的单选按钮,它取不同的值,根据其值进行不同的操作,所以 Select Case 语句的表达式为 Index。

27. A。【解析】Hide 方法只是使窗体隐藏,但仍在内存中,因此选项 A 错误。

28. B。【解析】程序首先使用 Array 函数为 X 数组变量赋值,然后利用 For 循环和 If 结构语句实现程序功能。程序执行过程如下:

(1)当 i=1 时,x(i)=2,d=d-c=-6;(2)当 i=2 时,x(i)=4,d=d-c=-12;(3)当 i-3 时,x(i)=6,d=d-c=.18;(4)当 i=4 时,x(i)=8,d=d+x(i)=-10,c=8;(5)当 i=5 时,X(i)=lO,d=d+x(i)=o,c=10;(6)当 i=6 时,X(i)=12,d=d+X(i)=12,c=12。

29. D。【解析】每个菜单都是一个控件,每个菜单项有且仅有一个 Click 事件,菜单项的索引用来为用户建立的控件数组建立索引,可以不连续,也不一定从 1 开始编号。

30. D。【解析】本题综合考查了 Visual Basic 中几个控件的属性和事件的基本知识。与滚动条有关的事件主要是 Change 和 Scroll。当在滚动条内拖动滚动框时会触发 Scroll 事件,而改变滚动框的位置后会触发 Change 事件。框架控件为控件提供可标识的分组,可以在功能上进一步分割一个窗体。组合框是组合列表框和文本框的特性而成的控件。计时器控件是不可见的控件,没有 Visible 属性,其主要的属性是 Interval 属性和 Enabled 属性。

31. C。【解析】本题是考查菜单项访问键的设置方法。在菜单控件的标题中,一个指定的访问键表现为一个带下画线的字符,访问键允许按下"Alt"键的同时输入该菜单项后面带下画线的字符来打开菜单。设置这个带下画线字符的方式就是在标题中,在字母前加上一个"&"符号。

32. D。【解析】Function 过程与 Sub 过程的相似之处是:都可以获取参数,执行一系列语句,以及改变其参数值的独立过程;不同之处是:Function 函数有返回值,可以在表达式的右边使用,使用方式与内部函数一样,而 Sub 过程没有返回值。

33. B。【解析】通用对话框的 Flags 属性设置为 3,从而可以设置屏幕显示和打印机字体,接着用 ShowFont 方法建立字体对话框,如下图所示。

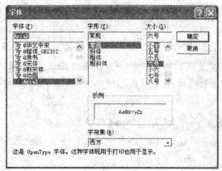

"字体"对话框中并没有设置颜色的选项,所以文本框中的字体、字形、字号会发生相应的变化,但是字体的颜色并不会改变。

34. A。【解析】根据不同的分类标准,文件可分为不同的类型。根据数据性质,文件可分为程序文件和数据文件;根据数据的存取方式和结构,文件可分为顺序文件和随机文件;根据数据的编码方式,文件可分为 ASCII 文件和二进制文件。

35. D。【解析】准备读文件则应该以 Random 方式打开文件,即以随机存取方式打开文件。

二、填空题

1. 加工【解析】数据流图是从数据传递和加工的角度,来刻画数据流从输入到输出的移动变换过程,其中的每一个加工对应一个处理模块。

2. E-R 图【解析】数据库逻辑设计的任务是将概念模型进一步转化成相应的数据模型。而 E-R 图是主要的概念模型,因此数据库的逻辑设计的主要工作是将 E-R 图转换成关系模式。

3. 封装性【解析】对象具有下列 5 个基本特点:(1)标识唯一性;(2)分类性;(3)多态性;(4)封装性;(5)模块独立性。其中,封装性是指从外面看只能看到对象的外部特征,对象的内部特征即处理能力的实行和内部状态,对外是不可见的,对象的内部状态只能由其自身改变。

4. 软件开发期【解析】软件生命周期分为 3 个时期,共 8 个阶段:软件定义期(问题定义、可行性研究和需求分析)、软件开发期(系统设计、详细设计、编码和测试)、软件维护期(即运行维护阶段)。

5. 叶子结点【解析】树中度为零的结点,也就是没有后件的结点,称为叶子结点。

6. 单精度【解析】用 DefSng 语句可以定义变量，一般格式：DefSng 数值范围，常用的语句及其定义的数据类型如下表所示。

语句表

语句	DefBool	DefByte	DefInt	DefLng
数据类型	布尔	Bye	Integer	Long
语句	DefCur	DefSng	DefDbl	DefDate
数据类型	Currency	Single	Double	Date
语句	DefStr	DefObj	DevVar	
数据类型	String	Object	Variant	

7. False【解析】表达式的运算顺序是：先进行算术运算，然后进行比较运算，最后进行逻辑运算。

表达式 A/2+1>B+5 Or B*(−2)=6 的运算过程为：A/2+1>B+5 Or B*(−2)=6→1.0+1>3 Or 4=6→False or False→False。

8. 2、1、0【解析】组合框有 3 种不同的类型，分别为：下拉式组合框、简单组合框、下拉式列表框。通过 Style 属性来返回或设置组合框控件的显示类型和行为，对应的值分别为 0、1、2。

9. 4【解析】MsgBOX 函数在对话框中显示消息，等待用户单击按钮，并返回一个 Integer 告诉用户单击哪一个按钮。MsgBox 函数的第二个参数用来控制在对话框中显示的按钮、图标的种类及数量。

题中，vbAbortRetryIonore，表示显示"终止"、"重试"及"忽略"3 个按钮；vbMsgBoxHelpButton 表示显示"帮助"按钮；vbQuestion 表示显示"?"图标，所以一共是 4 个按钮。

10. Checkl. Value＝1 Checkl. Value＝0【解析】题目要求通过选中复选框 Checkl 来设置文本框的文本是否加下画线，因此判断条件需要对复选框是否选中进行判断，If 语句后面应填"Checkl. Value＝1"语句，Elself 后面应填"Checkl. Value＝0"语句。

11. Min＝arrl(i)【解析】题目要求输出数组中的最小值，分析程序可知，本程序求数组最小值的算法是：假设最小的值是第一个数组元素，并把它存在 Min 变量中，然后从数组的第二个元素开始逐个与 Min 变量对比，如果有比 Min 更小的数，则赋值给 Min，这样对比到数组最后一个元素时，就能找到最小的元素，且它存储在 Min 变量中，因此最后只要输出 Min 变量值即可。

12. Dim xData As PerData　xData Address　xData Phon【解析】声明用户定义类型的变量格式为：Dim 变量名 as 用户定义类型名；定义了记录类型后，给该类型变量赋值时用"变量名.元素＝要赋的值"的格式进行赋值。第 3 个空是引用变量的元素，应使用"变量名.元素"的格式。

第4套　笔试考试试题答案与解析

一、单选题

1. D。【解析】计算机系统由硬件和软件两部分组成。其中，计算机软件包括程序、数据与相关文档的完整集合。

2. B。【解析】软件调试的任务是诊断和改正程序中的错误。

3. C。【解析】对象的封装是指从外部看只能看到对象的外部特征，即只需知道数据的取值范围和可以对该数据施加的操作，而不需要知道数据的具体结构以及实现操作的算法。

4. A。【解析】一般来讲，程序设计风格首先应该简单和清晰，其次程序必须是可以理解的，可以概括为"清晰第一，效率第二"。

5. A。【解析】数据的存储结构、程序处理的数据量、程序的算法等都会影响程序执行效率。

6. D。【解析】数据的逻辑结构是指反映数据元素之间逻辑关系的数据结构。数据的存储结构（也称数据的物理结构）是指数据的逻辑结构在计算机存储空间中的存放形式。通常一种数据的逻辑结构根据需要可以表示成多种存储结构。

7. C。【解析】对 n 个结点的线性表采用冒泡排序，在最坏情况下，需要经过 n/2 次的从前往后的扫描和 n/2 次的从后往前的扫描，需要的比较次数为 n(n−1)/2。

8. A。【解析】在任意一棵二叉树中，设度为 0 的结点（即叶子结点）数为 n0，度为 2 的结点数为 n2，有 n0＝n2+1，本题中叶子结点的个数为70，所以度为2的结点个数为69，故总结点数＝叶子结点数＋度为1的结点数＋度为2的结点数为70＋80＋69＝219。

9.B。【解析】数据库、数据库管理系统、数据库管理员、硬件平台、软件平台这五部分共同构成了一个以数据库为核心的完整的运行实体，称为数据库系统。数据库技术的根本目的是要解决数据的共享问题。数据库管理系统是一种系统软件，负责数据库中的数据组织、数据操作、数据维护、控制及保护和数据服务等，是数据库系统的核心，它是数据库系统的一部分，二者不能等同。

10.A。【解析】元组分量的原子性要求二维表中元组的分量是不可分割的基本数据项。关系的框架称为关系模式。一个称为关系的二维表必须同时满足关系的7个性质。

11.B。【解析】在 Visual Basic 中，文本框的 Multiline 属性为 True 时，可以使用多行文本，即在文本框中输入或输出文本时可以换行，并在下一行中继续输入或输出。

12.D。【解析】当用户向文本框中输入新信息或当程序把 Text 属性设置为新值，从而改变文本框的 Text 属性时，将触发 Change 事件。在程序运行后，在文本框中每输入一个字符，就会触发一次 Change 事件。

13.C。【解析】由于要单击 Command1 按钮才触发光标移到文本框中这个事件，所以应该是 Command1_Click() 的过程中发生，而文本框的 SetFocus 方法是文本框的常用方法，可以把输入光标（焦点）移到指定的文本框中。故应选 C。

14.C。【解析】Mid(字符串,p,n) 函数表示从位置 p 开始取字符串的 n 个字符，Right(ch$,6) 是取字符串 ch 右部的 6 个字符即得 CDEFGH；left(ch$,4) 是取字符串 ch 左部的 4 个字符即得 AABC；Len(left(ch$,4)) 测试字符串 left(ch$,4) 的长度为 4；则根据 Mid 函数的含义；在"CDEFGH"中第 4 个位置起取 2 个字符，结果即 FG。

15.A。【解析】print 方法可以在窗体上显示文本字符串和表达式的值，并可在其他图形对象或打印机上输出信息。其一般格式为：［对象名称.］Print［表达式表］［,|;］，省略对象名称就直接将字符串输出到当前窗体。本题是在单击列表项时，触发"显示在窗体上"，所以应该是在 List1_Click() 中，输出 List1.Text，故应选 A。

16.B。【解析】若图片框中有一个命令按钮，则此按钮的 Left 属性是指按钮的左端到图片框左端的距离。

17.A。【解析】在 Visual Basic 中通用对话框控件可以通过 DialogTitle 属性设置有实际意义的标题，故本题应该选 A。

18.A。【解析】按钮控件的 Enabled 属性为 false 时，可以使按钮失去作用，即不可用，为 true 时按钮生效可用；其 Visible 属性为 flase 时，是使按钮消失，为 true 时使按钮重新出现。复选框的 value 为 1 时表示选中该复选框，为 0 表示没有选中该选项，为 2 时表示该复选框被禁止为灰色。

19.C。【解析】在 Visual Basic 中列表框的 clear 方法是用来删除所有列表项，RemoveItem 方法是删除指定的列表项，而列表框的 Index 属性表示选中的列表项的位置；本题是删除选中的列表项，故应选 C。

20.A。【解析】由于 t＝t k，若 t＝0，则循环的结果只能是 0，不可能得到 7 的阶乘，所以应将 t＝0，改为 t＝1。

21.D。【解析】控件数组由一组相同类型的控件组成，其中所有的元素的 Name 属性必须相同，即名称必须统一，且每个元素都有一个对应的下标（索引），下标值由 Index 属性指定；而 Caption 属性只是用来设置标题的。

22.B。【解析】由于要单击 save 才会触发在文本框中显示 save 标题，所以应该是在 save_Click() 中进行编写，文本框的 Text 属性表示其显示的文本，而 Caption 表示控件的标题。故依题要求应选 B。

23.A。【解析】计时器的 Interval 属性是用来设置计时器的，事件之间的间隔以毫秒为单位，本题要求每 2 秒显示一次系统时间，故 Interval 属性应设置为 2000。

24.B。【解析】Visual Basic 中形状控件的 Shape 属性有 6 种取值：矩形、正方形、椭圆形、圆形、四角圆化矩形和四角圆化正方形。

25.C。【解析】向顺序文件中写数据应使用语句 Print＃文件号，而随机文件应用 put＃文件号。

26.B。【解析】Visual Basic 中可以通过 LoadPicture 函数把图形文件装入窗体、图片框或图像框中，一般格式为：［对象名.］Picture＝LoadPicture("文件名")结合本题要求应该选 B。

27.D。【解析】从题中易知 For 循环是为 a(10) 赋值的，且 a(1)＝10，a(2)＝9……a(9)＝2，a(10)＝1，则 a(a(3)\ a(7) Mod a(5))＝a(8\4Mod6)＝a(2)＝9。

28.C。【解析】Visual Basic 中参数可通过传地址和传值进行传送，传地址又称引用，通过引用传递实参时，可以改变传送给过程的变量的值，而传值就是通过值传送实际参数，不会改变原来变量的值，所有的变化都是在变量的副本上进行的。

29.D。【解析】m 的整型默认值为 0，m 中记录的是 a 减 n 的次数，即相当于 a 除以 n 所得的商值。当 a 小于 n 时就结束循环，即余数小于除数时就结束循环。

30.B。【解析】Mid(ch,k,1)函数表示从位置k开始取字符串ch的1个字符,而k是从Len(ch)开始循环到1,故应该是从ch的最后一位逐步向前逐个取字符直到取完第一个字符为止,故结果应该是将整个ch字符串完全逆置。

31.D。【解析】由题易知,For循环结束后可得出数组中最大数的下标max,因为是求最大的数,应该是将a(max)赋给MaxValue而不是最大数的下标max,故应选D。

32.C。【解析】循环Do……Loop中的b中存放的是各数的阶乘,t中存的是各个数阶乘的和;第一次循环中的b=1*2,t=1+1*2,n=3;n不大于9,进行第二次循环;第二次循环中b=1*2*3,t=1+1*2+1*2*3,n=4;第八次循环中b=1*2*3*4*5*6*7*8*9,t=1+1*2+1*2*3+…+8!+9!,n=10;n大于9跳出循环。故应选C。

33.D。【解析】Pset(X,Y)函数是在X,Y处画出一个点,Form_MouseDown函数中只有一个cmdmave=True,即当鼠标按下就将cmdmave赋值为True,Form_MouseMove函数是当cmdmave为True时就执行Pset(x,y)函数,即当移动鼠标且cmdmave=True时就不断画点,即形成一条线;而Form_MouseUp函数是将cmdmave赋值为false,即松开鼠标时不再画点。故整个程序的功能是按下鼠标键并拖动鼠标,沿鼠标拖动的轨迹画一条线,放开鼠标键就结束画线。

34.B。【解析】a\10＞0保证a至少是两位数,若是大于等于0,则While循环也不会结束,会一直循环下去。

35.A。【解析】Text1.Text表示文本框的文本内容,Check1(k).value=1表示复选框被选中,For循环遍历所有复选框,若Check1(k).value=1,则Text1.Text=Text1.Text & Check1(k).Caption & " ",将Check1(k)的Caption即复选框后的文字添加到Text1中,每次添加文字后文字之间都由空格隔开。

二、填空题

1.无歧义性【解析】软件需求规格说明书是需求分析阶段的最后成果,其最重要的特性是无歧义性,即需要规格说明书应该是精确的、无二义的。

2.白盒【解析】白盒测试的基本原则是:保证所测模块中每一个独立路径至少执行一次;保证所测模块所有判断的每一个分支至少执行一次;保证所测模块每一条循环都在边界条件和一般条件下至少各执行一次;验证所有内部数据结构的有效性。

3.顺序【解析】所谓循环队列,就是将队列存储空间的最后一个位置绕到第一个位置,形成逻辑上的环状空间,供队列循环使用。它通常采用顺序存储结构。

4.ACBDFEHGP【解析】中序遍历是指在遍历过程中,首先遍历左子树,然后访问根结点,最后遍历右子树。在遍历左、右子树时,仍然按照这样的顺序遍历。

5.实体【解析】在E—R图中,矩形表示实体,椭圆形表示属性,菱形表示联系。

6.Combo1.Text【解析】主要是实现将选中项和最上面的项交换。先将选中项的文本即Combo1.Text放入临时变量temp中,再将最上面选项的文本即Combo1.List(0)赋给Combo1.Text,最后将temp中选中项的文本赋给Combo1.List(0),此时,Combo1.List(0)是选中项的文本,而Combo1.Text中则是Combo1.List(0)的内容,故交换结束,功能实现。

7.pos HScroIII.value【解析】从函数Form_Load()中得知,pos中存放的是当前水平滚动条HScroIII所在的位置的值,即HScroIII.Value,故此空中应是定义一个整型。

在函数HScroIII_Change()中的是改变滚动条时触发的动作,题中要求在窗体上打印出滚动条移动的距离值,则应该将HScroIII.value这里是滚动条移动后当前所在位置的值减去一开始所在位置值,即减去pos,故应该填HScroIII.Value。

8.CD1.FileName ch【解析】FileName属性是用来设置或返回要打开的文件的路径及文件名,由if语句的判断当文件存在时,则打开该文件,以便从文件中读出记录。

语句Line Input #1,ch$是从文件1中读取一个完整的行,并把它赋给一个字符串变量ch,而本题要求该行文本要显示在Text1中,故应该填ch。

9.10 x【解析】这里是While循环的条件,结合题意要逆置一个正整数,则至少要两位或两位以上,故x需大于9。

While循环结束后,此时的x中存放的是一开始输入的数的最高位的数字,故打印输出x,该数所有数字逆置完毕。

10.Text1.Text 1 SetFocus【解析】由于要检查Text1中文本的合法性,即是否满足题中所限制的条件,所以要遍历Text1.Text所有的字符。此空就是为了实现其遍历,而用函数Len(Text1.Text)取得Text1中文本的长度,并赋给n。

文本框的SelStart属性是选择文本的起始位置,SelLength属性是选中的字符数。函数SetPosition()要在文本不合法时调用,要实现自动选中错误字符功能。此空就是选中一个字符。

当文本不合法时,就调用函数SetPosition(),该函数要实现自动选中错误字符且焦点不能离开Text1文本框。此空的SetFocus方法就是将焦点(光标)锁定到指定的文本框中,其一般格式是:[对象].SetFocus。

第5套 笔试考试试题答案与解析

一、单选题

1. C。【解析】程序流程图中,带箭头的线段表示控制流,矩形表示加工步骤,菱形表示逻辑条件。

2. A。【解析】结构化程序设计方法的主要原则可以概括为:自顶向下,逐步求精,模块化和限制使用GOTO语句。

3. B。【解析】在结构化程序设计中,模块划分应遵循高内聚、低耦合的原则。其中,内聚性是对一个模块内部各个元素间彼此结合的紧密程度的度量,耦合性是对模块间互相连接的紧密程度的度量。

4. B。【解析】需求分析的最终结果是生成软件需求规格说明书。

5. A。【解析】算法的有穷性是指算法必须能在有限的时间内做完,即算法必须能在执行有限个步骤之后终止。

6. D。【解析】各种排序方法中最坏情况下需要比较的次数见下表:

排序方式	最坏情况比较次数
冒泡排序	$n(n-1)/2$
简单插入排序	$n(n-1)/2$
希尔排序	$o(n/s)$
简单选择排序	$n(n-1)/2$
堆排序	$o(n\log 2^n)$

7. B。【解析】栈是限定在一端进行插入和删除的"先进后出"的线性表,其中允许进行插入和删除元素的一端称为栈顶。

8. C。【解析】数据库的设计阶段包括需求分析、概要设计、逻辑设计和物理设计,其中将E-R图转换成关系数据模型的过程属于逻辑设计阶段。

9. D。【解析】关系R与S经交运算后所得到的关系由那些既在R内又在S内的有序组所组成,记为R∩S。

10. C。【解析】关键字是指其值能够唯一地标识一个元组的属性或属性的组合,题中SC中学号和课号的组合可以对元组进行唯一标识,因此它为表SC的关键字。

11. D。【解析】Visual Basic中的标准模块的文件扩展名为.bas,完全由代码组成,可以声明全局变量,也可以定义函数过程或子程序过程。

12. A。【解析】Visual Basic中乘法和除法运算的优先级高于求模运算,乘除运算同时在表达式中时,按照从左到右的顺序进行运算。结合题目,$3*2\backslash 5 Mod 3=6\backslash 5 Mod 3=1 Mod 3=1$。

13. B。【解析】Visual Basic中变量名,只能由字母、数字和下画线组成,名字的第一个字符必须是英文字母,最后一个字符可以是类型说明符,且有效字符为255个,不能用Visual Basic的保留字。

14. C。【解析】Visual Basic中可以用4个语句来定义数组:Dim、ReDim、Static和Public,它们的定义格式相同,但适用范围不同。有两种定义格式:一、Dim 数组名(下标上界) As 类型名称;二、Dim 数组名([下界 To]上界[,[下界 To]上界]……) AS 类型。下标的下界最小可为-32 768,默认为0,C选项只有下界而没有定义上界,这时不能是负值。故应选C。

15. B。【解析】IIf函数的格式是:result=IIf(条件,True部分,False部分),y=IIf(x>0,x Mod 3,0)即if x>0 then y=x Mod 3 Else y=0 End if。当x=10时,满足x>0,故 y=10 Mod 3=1。

16. D。【解析】文本框的ScrollBars属性是用来确定文本框中有没有滚动条,可取0、1、2、3四个值,0表示没有滚动条,1表示只有水平滚动条,2表示只有垂直滚动条,3表示同时具有水平和垂直滚动条。

17. C。【解析】KeyDown事件用于对用户按下键盘按键的响应,有两个参数是KeyCode和Shift,其中KeyCode是按下键的大写字母的ASCII码值。

18. A。【解析】单击滚动条Hscroll1两端的箭头或改变滚动条的Value属性值时,激活Change事件;拖动滑动块时,激活Scroll事件。拨动滚动条的滑动块得到一个值,这个值保存在Value属性里。

19. C。【解析】当一个命令按钮的Default属性被设置为True时,该按钮为窗体上的默认按钮,按Enter键和单击该命令按钮的效果都是相同的,都会导致Click事件过程被调用。且在一个窗口中,只允许有一个命令按钮的Default属性被设置为True。

20. A。【解析】在Visual Basic中要使两个单选按钮属于同一个框架,简单的做法是先画一个框架,再在框架中画两个单选按钮即可。

21.C。【解析】List 属性可以存放所有项目的内容,Selected 是用来存放选中项的内容。

22.B。【解析】计时器支持 Timer 事件,对于一个有计时器的窗体,每经过一段由 Interval 指定的时间间隔,就产生一个 Timer 事件。本题是要求每隔一秒在标签 Label1 中显示系统当前时间,而标签中的文本只能用 Caption 属性显示。

23.A。【解析】LostFocus 事件是当光标离开当前文本框或用鼠标选择其他对象时触发的事件;SetFocus 是将焦点移到文本框中;本题程序的含义是单击按钮,触发单击事击,在文本框中写入"Visual Basic",此时的光标不在文本框中,就是触发 LostFocus 事件,If 语句检查文本框中的内容不等于"Basic",于是置空文本框,再使光标(焦点)移到文本框中。

24.D。【解析】Visual Basic 中 Msgbox 函数的格式是:Msgbox(msg[,type][,title][,helpfile,context]),除了第一个参数,其余参数都是可选的,msg 是一个字符串,长度不能超过 1024 个字符,若超过则被截掉,该字符串的内容将在 MsgBox 函数产生的对话框内显示。故应选 D。

25.A。【解析】在 Visual Basic 中主要有 3 种模块:标准模块、窗体模块和类模块;标准模块也称全局模块,其中的全局变量用 Public 来声明,且它的有效范围是整个应用程序。但是引用方式不同:在窗体模块里定义的全局变量,引用时需要在变量名前面加上所在的窗体名,如变量 x;在标准模块里定义的变量 y,直接用变量名引用,如变量 y。

26.D。【解析】Fix(number) 函数是直接将 number 的小数部分去掉,取其整数部分,不是四舍五入。

27.C。【解析】通用对话框的 Action 属性可取 1、2、3、4、5、6 值,分别对应打开文件、保存文件、选择颜色、选择字体、打印、调用 Help 文件,确定打开哪一种类型的对话框,有两个途径:①设置 Action 属性。②调用相应的 Show 方法,单击 Action 为 5 的按钮时,会显示打印对话框,但不能启动实际的打印过程,还要编写相应的程序代码。

28.C。【解析】子过程的调用格式有两种:Call Calc(HV.Value,HT.Value) 和 Calc HV.Value,HT.Value;滚动条的默认属性——Value,即 HV.Value＝HV,程序作用是将两个滚动条的 Value 值相乘,然后结果在 Text1 中显示。

29.B。【解析】函数 f() 是当参数 x 不小于 10 时,将 x 加 1 作为函数的返回值返回,否则将 x 加 2 作为函数的返回值返回。Command1_Click() 中利用 For 循环累加 f(6) 到 f(10),将累加的结果放到 S 中,结合题易知 S＝f(6)＋f(7)＋f(8)＋f(9)＋f(10)＝8＋9＋10＋11＋11＝49。

30.A。【解析】由于窗口中没有主菜单项,故菜单编辑器窗口中的"可见"应该是没有"√";右击时,快捷菜单中的"选中"默认是被选中的,故"复选"属性前应该有"√";菜单中的横线是应该在该菜单的标题输入框中输入一个"—"(减号)字符;而"粘贴"是灰色的不可用,故其"有效"属性应该没有"√"。

31.B。【解析】本程序的功能是单击图片框时,在图片框中显示 pic.jpg 图片,单击标签时,在标签中显示"计算机等级考试"。Display 过程的参数 x 是一个控件变量,TypeOf 是一个运算符,用来检测类型。

32.C。【解析】Asc(c) 函数表示 c 对应的 Ascii 码值,而 Chr() 函数是将 Ascii 码值转换为对应的字符,当输入 a 时,先转换 Ascii 码值为 97,加上 2,变为 99,最后转换为对应的字符,即 C。

33.B。【解析】For 循环是逐个顺序地取出输入字符串中的字符,放到 ch 中,而由于 S＝ch＋S,可知 S 中存放的是所有逐个取出的字符,且是每取出一个就放到已有的 S 的最前端,组成新的 S,由于是顺序取出字符的,故 S 中应该是输入字符串的逆置形式。

34.D。【解析】由于题中要求 10 个整数中最大值,并未限定是正整数还是负整数,因此不能将 Max 初值设为 0,可以将 Max 设为该 10 个整数中的某一项,本题为 a(10),然后与其余 9 个整数逐一比较,最终得到最大值。

35.B。【解析】内层循环是用来计算 3 门课程的考试成绩的,即将三者累加,外层循环是用来遍历四个学生的,内层循环结束一次即结束一个学生的总分计算,跳出内循环,进入下一个考生的成绩计算。而在计算完一个考生的总分后,必须要将用来存放总分的变量 sum 归零,以便计算下一个考生的总分。故应该选 B。

二、填空题

1.输出【解析】测试用例由输入值集和与之对应的输出值集两部分组成。

2.16【解析】深度为 K 的满二叉树的叶子结点的数目为 2^{K-1}。

3.24【解析】在循环队列中,头指针指向的是队头元素的前一个位置,根据题意从第 6 个位置开始有数据元素,所以队列中的数据元素的个数为 29－5＝24。

4.关系【解析】在关系数据库中,用关系来表示实体之间的联系。

5.数据定义语言【解析】在数据库管理系统提供的数据定义语言、数据操纵语言和数据控制语言中,数据定义语言负责数据的模式定义与数据的物理存取构建。

6. x＝7(或 x＞5 或 x＞6 或 x＞＝6)【解析】Do 循环是每执行一次就加 2,执行 3 次后分别打印出 3、5、7,执行 3 次后就结束循环,此时的 x 为 7,故要使循环结束,需将循环结束条件设为 x＝7。

7. 16【解析】由于 x 是静态变量,会保存上次调用时的值,第一次单击:s(1)＝1,m＝1,x＝0→1;s(2)＝3,m＝2,x＝1→2→3。第二次单击:s(1)＝4,m＝1,x＝3→4;s(2)＝6,m＝2,x＝4→5→6。第三次单击:s(1)＝7,m＝1,x＝6→7;s(2)＝9,m＝2,x＝7→8→9。第三次单击结果为 total 即 s(1)＋s(2)＝7＋9＝16。

8. a() UBound(b) n＝n−1【解析】结合下面的程序可知函数 swap 的形式参数是一个数组,结合题目易知应该是 a 数组。

UBound(arrayname[,dimension])函数是返回指定数组维数的最大可用下标。由于要将整个数组的元素进行诸如 a(1) 和 a(10)的对换,故必须要得其最大下标。

For 循环就是将数组中的元素进行对换,由上知 n 中放的是数组的最大下标,即最后一个元素的下标,于是 For 循环中的循环变量 i 从 1 开始到 n/2,利用中间变量 t,将 b(i)与 b(n)进行对换,由于是对应对换的,故每对换一次 n 也应该向前推进一位,即 n＝n−1。

9. All Files(＊.＊) d:\temp\tel.txt【解析】文件对话框的属性 Filer 用来指定在对话框中显示的文件类型,该属性值由一对或多对文本字符串组成,每对字符串用管道符“|”隔开,在“|”前面的部分称为描述符,后面的部分一般为通配符和文件扩展名,称为“过滤器”,一般格式是:[窗体.]对话框名.Filer＝描述符 1|过滤器 1|描述符 2|过滤器 2······

在对话框中选择了相应的文件,单击确定后,则在 MsgBox 中显示所选文件的路径。

10. For Input ♯2,NOT EOF(2)【解析】打开一个存在的文件,以便读出其中的内容。语句的一般格式是:Open"文件名"For Input As ♯文件号。

文件号:为被打开的文件指定一个文件号,在以后访问该文件时,以文件号来代表文件。文件号的取值为 1～511 之间的整数。每个文件号对应唯一的一个文件,不能将已使用的文件号再指定给其他文件。由下面的程序可知应该是♯2。

EOF 函数用于测试文件的结束状态,格式为:EOF(文件号),NOT EOF(2)即当文件号为 2 的文件没有结束时,执行 Do While 循环体,由下面的 Do While 中的 Input ♯2,inData 知文件号是 2,故是 NOT EOF(2)。

第6套 笔试考试试题答案与解析

一、单选题

1. B。【解析】栈是按照“先进后出”或“后进先出”的原则组织数据的。所以出栈顺序是 EDCBA54321。

2. D。【解析】循环队列中元素的个数是由队头指针和队尾指针共同决定的,元素的动态变化也是通过队头指针和队尾指针来反映的。

3. C。【解析】对于长度为 n 的有序线性表,在最坏情况下,二分法查找只需比较 log2n 次,而顺序查找需要比较 n 次。

4. A。【解析】顺序存储方式主要用于线性的数据结构,它把逻辑上相邻的数据元素存储在物理上相邻的存储单元里,结点之间的关系由存储单元的邻接关系来体现,而链式存储结构的存储空间不一定是连续的。

5. D。【解析】数据流图是从数据传递和加工的角度,来刻画数据流从输入到输出的移动变换过程。其中带箭头的线段表示数据流,沿箭头方向表示传递数据的通道,一般在旁边标注数据流名。

6. B。【解析】在软件开发中,需求分析阶段常使用的工具有数据流图(DFD)、数据字典(DD)、判断树和判断表。

7. A。【解析】对象具有如下特征:标识唯一性、分类性、多态性、封装性、模块独立性。

8. B。【解析】两个实体集间的联系可以有下面几种:一对一联系、一对多或多对一联系、多对多联系。由于一个宿舍可以住多个学生,所以它们的联系是一对多联系。

9. C。【解析】数据管理技术的发展经历了三个阶段:人工管理阶段、文件系统阶段和数据库系统阶段。人工管理阶段无共享,冗余度大;文件管理阶段共享性差,冗余度大;数据库系统管理阶段共享性大,冗余度小。

10. D。【解析】在实际应用中,最常用的连接是一个叫自然连接的特例。它满足下面的条件:两关系间有公共域;通过公共域的相等值进行连接。通过观察三个关系 R,S,T 的结果可知,关系 T 是由关系 R 和 S 进行自然连接得到的。

11. A。【解析】可以用以下 4 种方法进入事件过程(即打开“代码窗口”):

(1)双击窗体或窗体上的控件。

(2)执行“视图”菜单中的“代码窗口”命令。

(3)按【F7】键。

(4)单击"工程资源管理器"窗口中的"查看代码"命令。

12.D.【解析】任何变量都属于一定的数据类型,包括基本类型和用户定义的数据类型。在 Visual Basic 中,可以用下面几种方式来规定一个变量的类型:

(1)使用类型说明符来标识。

(2)通过定义变量来指明其数据类型。

(3)用 Deftype 语句在窗体的标准模块、窗体模块的声明部分,定义一组以该语句中指定范围内的字母和以这些字母开头的变量名的数据类型。

(4)未经显示定义或用类型说明符标记的变量,其数据类型被隐式地说明为变体类型(Variant)。

13.C.【解析】Visual Basic 的数值数据分为整型数和浮点数两类,其中整型数又分为整数(Integer,取值范围为−32768～32767)和长整数(Long,取值范围为−2147483648～2147483647),浮点数分为单精度浮点数(Single,取值范围为负数:−3.402823E+38～−1.401298E−45,正数:1.401298E−45～3.402823E+38)和双精度浮点数(Double)。

定义变量的语句格式为:Declare 变量名 As 数据类型。其中,Declare 可以是 Dim、Static、Redim、Public 或 Private。

14.B.【解析】在 VisualBasic 的常见运算符中,幂运算符(^)优先级最高,其次是取负(−)、乘(*)、浮点除(/)、整除(\)、取模(Mod)、加(+)、减(−)、字符串连接(&)。其中,乘和浮点除是同级运算符,加和减是同级运算符。按优先级顺序本题逐步运算结果为

$2*3^2+4*2/2+3^2=2*9+4*2/2+9=18+8/2+9=18+4+9=31$。

15.D.【解析】Mid(字符串,起始位置[,个数])函数用于从已有字符串中取出从指定位置开始的含指定个数字符的字符串,若不指定个数将返回字符串中从参数"起始位置"到字符串尾端的所有字符;Left(字符串,个数)函数用于取出已有字符串最左边指定个数的字符串;Right(字符串,个数)函数用于取出已有字符串最右边指定个数的字符串。

本题中 Mid("VBProgram",3,7)的值为字符串"Program", Right("VBProgram",7)的值为字符串"Program",Mid("VBProgram",3)的值为字符串"Program",Left("VBProgram",7)的值为字符串"VBProgram"。

16.B.【解析】框架(Frame)是一个容器控件,用于将屏幕上的对象分组,其 Caption 属性用于设置或返回在其标题栏上显示的文本信息。

17.D.【解析】在 Visual Basic 中,当定义一个通用过程时,其参数列表中的各个形式参数间用逗号分隔;当使用 Print 方法输出多个表达式或字符串时,各表达式或字符串间用分隔符(逗号、分号或空格)隔开,其中使用逗号分隔时各数据项按分区格式显示;当在一个 Dim 语句中定义多个变量时,每个变量都要用 AS 子句声明其类型(用逗号分隔),否则该变量被视为变体类型;Visual Basic 中的语句是执行具体操作的指令,通常一行输入一条语句,也可把多条语句放在一行,各语句间用冒号(:)隔开。还可通过续行符将一条语句分别放在多行。

18.C.【解析】列表框控件(ListBox)用于提供可做单一或多项选择的列表项,列表框的 Text 属性用于返回列表框中选择的项目的内容,返回值总与列表框的 List(ListIndex)属性的返回值相同,而列表框的 ListIndex 属性只返回当前选择的项目的索引号。

19.A.【解析】在一个包含多种运算的表达式中,优先级顺序为:首先进行函数运算,接着进行算术运算,然后进行关系运算(=、>、<、>=、<=、<>),最后进行逻辑运算(Not→And→Or→Xor→Eqv→Imp)。

按优先级顺序本题逐步运算结果为:4<5 And 5<6→True And True→True。

20.C.【解析】InputBox()函数用于显示一个输入框,提示用户输入一个数据,该函数返回值默认为字符串类型,其常用语法格式为

InputBox(Prompt[,Title][,Default])

其中,Prompt 字符串为输入框上显示的提示文本;Title 字符串在输入框的标题栏上显示;Default 字符串为输入框的默认文本。

21.B.【解析】Visual Basic 中有两种类型的数组:固定大小的数组及动态数组。固定大小的数组总是保持同样的大小,而动态数组在运行时可以改变大小。要使用动态数组可以先声明一个不指明大小的空数组(即没有维数下标),然后再用 ReDim 语句在过程中改变数组大小。在一个程序中,可以多次用 ReDim 语句定义同一个数组,以修改其元素的个数。

Option Base 0 语句的作用是限定数组下标的默认下限值为0,此时数组某一维的元素个数等于该维下标上界值加1。

本题中,数组 a 的上界先被指定为10,后又重新设定为5,故该数组中元素的个数应为5+1=6。

22.B。【解析】For 循环也称为 For…Next 循环或计数循环。其一般格式如下：

For 循环变量＝初值 To 终值[step 步长]

[循环体]

[Exit For]

Next[循环变量]

执行过程中,循环次数＝Int((终值－初值)/步长)＋1

本题实质是判断 For 循环的执行次数,在这个嵌套的 For 循环中,内循环的执行次数为 Intq((1－6)/－2)＋1＝3,外循环的执行次数为 4,故内循环循环体执行次数为 4＊3＝12。

23.A。【解析】数组是一组具有相同类型和名称的变量的集合。这些变量称为数组的元素,每个数组元素都有一个编号,这个编号叫做下标,我们可以通过下标来区别这些元素。

本题通过一个 For 循环为数组各元素赋值。其中,M(8)＝12－8＝4,M(6)＝12－6＝6。

24.C。【解析】在 Visual Basic 中不仅可以使用变量作为形式参数,还可以使用数组、窗体或控件作为通用过程的参数,在用数组作为过程的参数时将按址传递。

虽然在调用 Sub 过程时不直接返回值,但仍可通过某些方式,将 Sub 过程中处理的信息传回到调用的程序中,如将参数按址传递。

25.A。【解析】在过程(包括事件过程和通用过程)内定义的变量叫做局部变量,其作用域是它所在的过程 a 在不同的过程中可以定义相同名字的变量,它们之间没有任何关系。默认情况下每次调用过程时,局部变量被初始化为 0 或空字符串,但声明为"Static"型的局部变量,在每次调用过程时,其值保持不变。

模块变量包括窗体变量和标准模块变量,在默认情况下,模块级变量对该模块中的所有过程都是可见的,但对其他模块中的代码不可见,窗体变量可用于该窗体内的所有过程。

本题中,x 是窗体变量,调用过程 proc 后其值为 5＊5＝25。Y 为过程变量,调用过程 proc 不影响其值,仍为 3。

26.C。【解析】随机文件的写操作分为以下 4 步：

(1)用 Type…End 语句定义数据类型。

(2)用 Open 语句以 Random 方式打开随机文件,其基本格式为：

Open FileName For Random As＃FileNumber[Len. 记录长度]

(3)用 Put＃语句将内存中的数据写入磁盘,其格式为

Put＃文件号,[记录号],变量

(4)用 Close 语句关闭打开的文件。

27.C。【解析】For 循环语句的循环变量通常是在执行 Next 语句时才发生变化,但本题中当执行语句 i＝i＋3 时,也将改变循环变量 i 的值。每次执行循环体后 i 和 n 的值如下：

第 1 次:i＝3,n＝1

第 2 次:i＝6,n＝2

第 3 次:i＝9,n＝3

第 4 次:i＝12,n＝4

当第 4 次执行循环体时,i＞10,退出循环。

28.D。【解析】Do Until…Loop 循环语句的功能是,直到指定的"循环条件"变为 True 之前重复执行循环体中的语句。在进行数据转换时,当转换其他的数值类型为 Boolean 值时,0 会转成 False,而其他的值则变成 True。当转换 Boolean 值为其他的数据类型时,False 成为 0,而 True 成为－1。

在选项 A 中,若"条件表达式"的值是 0,即 False,将执行循环体;在选项 B)中,若"条件表达式"的值不为 0,即 True,直接结束循环;Do Until…Loop 循环属于先判断后循环,故选项 C)也错误。

29.D。【解析】Do 循环用于不知道循环次数的情况,而仅根据循环条件是 True 或 False 决定是否结束循环,故选项 A 错误。

Rnd()函数用于产生一个小于 1 但大于或等于 0 的值随机数。Int()函数用于返回一个不大于所给数的最大整数。表达式 Int(Rnd＊100)可生成一个 0～99 的随机整数,故选项 B 错误。

Select Case 语句用于对一个表达式或变量的多个可能值进行判断,从而在一组相互独立的可选语句序列中挑选要执行

的语句序列。当产生随机数为12时,结束的应是For循环,故选项C)错误。

30. A.【解析】Array(arglist)函数用于将arglist参数中一组用逗号隔开的值列转换成一个数组并赋值给某数组变量。本题中,a(1)＝1,a(2)＝2,a(3)＝3,a(4)＝4。

本题每次执行For循环体后,s及j的值情况如下。

第1次:s＝0＋a(4)*1＝4,j＝1*10＝10;

第2次:s＝4＋a(3)+10＝34,j＝10*10＝100;

第3次:s＝34＋(2)＋100＝234,i＝100*10＝1000;

第4次:s＝234＋a(1)*1000＝1234。

31. C.【解析】UCase()函数用于将字符串中小写字母转化为大写字母,原本大写或非字母字符保持不变;& 运算符用来强制两个表达式作为字符串连接。

本题源程序中的函数Fun的功能是:按一前一后的顺序,将已有字符串从两端向中间逐个取出其所有字符,组成新的字符串。按此方法,函数Fun("abcdef")的返回值应为"atbecd",转换成大写就为"AFBECD"。

32. B.【解析】N的阶乘的数学表示为:N!＝N*(N－1)*(N－2)…2*1

本题要通过将For循环语句的循环变量k的各次取值经表达式p＝p*k进行累积,来实现N的阶乘。但源程序仅实现了(n－1)的阶乘。解决问题的方法,将P的初值设置为m或将循环变量的取值范围设定为1~n(或2~n)。

33. D.【解析】Len(字符串)函数用于取得字符串的长度,LCase(字符串)函数用于将字符串中大写字母转化为小写字母,原本小写或非字母字符保持不变。"＋"运算符可做两个表达式的加法运算或做字符串连接运算,当两个表达式均为字符串时,做字符串连接运算。

本题源程序中的函数Fun的功能是,逐个取出已有字符串中的字符转换成小写字母,并按逆序组成新的字符串。按此方法,函数Fun("abcdefg")的返回值应为"gfedcba"。

34. B.【解析】本题函数power(a,n)的功能是要返回n个a相乘的值。而源程序中返回的是(n＋1)个a相乘的值,解决问题的方法可以是,将P的初值设置为1或将循环变量的取值范围设定为1~n－1(或2~n)。

35. A.【解析】在Visual Basic中调用过程时,参数传递有两种传递形式:按值传递(Byval)和按址传递(Byref),默认为按址传递。其中,当参数按址传递时,如果在引用该参数的过程中改变了形参的值,同时也就改变了传递参数时实参变量的值。

在本题中,通用过程pro的功能是将形参(为整数)中的每一位数反序输出显示,该过程默认按址传递参数。因此,当执行语句 pro a后,a＝0。当执行语句 pro b后,b＝0。

解决问题的方法可以是:将过程pro的形式参数的传递方式由传址改为传值或是在调用过程 pro a和 pro b之前,先将a＋b的值存入另一个变量中。本题提供的选项中只有选项A是正确的。

二、填空题

1. DBXEAYFZC【解析】中序遍历是先遍历左子树,然后访问根结点,最后遍历右子树,并且在遍历左、右子树时,仍然先遍历左子树,然后访问根结点,最后遍历右子树。所以中序遍历的结果是 DBXEAYFZC。

2. 单元【解析】软件测试过程分4个步骤,即单元测试、集成测试、验收测试和系统测试。所以集成测试在单元测试之后。

3. 过程【解析】软件工程包括3个要素:方法、工具和过程。方法是完成软件工程项目的技术手段;工具支持软件的开发、管理、文档生成;过程支持软件开发的各个环节的控制和管理。

4. 逻辑设计【解析】数据库设计目前一般采用生命周期法,即将整个数据库应用系统的开发分解成目标独立的若干阶段。包括需求分析阶段、概念设计阶段、逻辑设计阶段、物理设计阶段、测试阶段、运行阶段和进一步修改阶段。在数据库设计中采用前4个阶段。

5. 分量【解析】元组分量的原子性是指二维表中元组的分量是不可分割的基本数据项。

6. BASIC【解析】当文本框中的文本内容改变时(包括通过语句修改其 Text 属性值或在文本框中直接输入)将触发其 Change 事件。

本题程序运行时,单击命令按钮并输入内容后,将在文本框中显示输入内容,同时将触发文本框的 Change 事件,截取出从文本框的第7个字符开始的后续所有字符(即 Basic),并在标签中显示出来。

7. 4【解析】在本题源程序的For循环中,通过 Mid 函数逐一取出字符串变量a$的每一个字符,并判断其是否为小写字母"n",以统计其个数。在字符串"National Computer Rank Examination"中有小写字母"n"4个。

8.Picture1.Picture=LoadPicture("d:\pic\a.jpg")(或 Picture1=LoadPicture("d:\pic\a.jpg")【解析】为图片框控件指定图片有两种方法:一是在设计阶段通过 Picture 属性设置;二是在程序运行时通过 LoadPicture()图片加载函数加载,其语法为

图片框名称.Picture=LoadPicture("图像文件路径")

本题要求采用第二种方式。

9.Rightq(a$,i)(或 Rights(a$,i)或 Midq(a$,7-i,i)或 Mid$(a$,7-i,i)【解析】从程序运行结果来看,本题 For 循环语句中循环体的功能是,每执行一次循环体,就在窗体上输出一行字符,并且输出的字符内容为从字符串"ABCDFG"右侧起取出的 i(i 为循环变量)个字符。能实现上述功能的表达式可以是:Right(a$,i)或 Midq(a$,7-i,i)。

10.pos=pos+Arr(k)(或 pos=Arr(k)+pos) neg=neg+Arr(k)(或 neg=Arr(k)+neg【解析】本题中,当数组元素的值为正数(即大于 0)时,应将其值累加到变量 pos,故第一个空处语句应为 pos=pos+Arr(k)。当数组元素的值为负数(即小于 0)时,应将其值累加到变量 neg,故第二个空处语句应为 neg=neg+Art(k)。

11.Sum+fun(i)(或 fun(i)+Sum) fun=p【解析】在自定义函数中返回值应使用语句:过程名=表达式。

调用函数并应使用语句:变量名=函数名(参数列表)

本题中自定义函数名为 fun,调用该函数时的参数为循环变量 i,即 fun(i),故第一个空处应填入的累加表达式为 Sum+fun(i);在自定义函数 fun 中应将累乘积作为函数返回值,故第二个空处应填入 fun=p。

12."END" Text1.Text(或 Text1)【解析】KeyPress(KeyAscii As Integer)事件是在对象具有焦点时,按下键盘上的键时触发的事件,KeyAscii 参数是所按键的 Ascii 的代码,Enter 键的 Ascii 代码值为13。

本题源程序通过文本框的 KeyPress 事件过程,每当在文本框中按下一个键时,先判断其是否为 Enter 键,若是则继续判断文本框中当前内容的大写是否为"END",若是则结束程序(故第一个空处应填入"END"),否则将当前文本框中的内容写入数据文件,故第二个空处应填入 Text1.Tcxt。

第7套 笔试考试试题答案与解析

一、单选题

1.D。【解析】本题主要考查了栈、队列、循环队列的概念,栈是先进后出的线性表,队列是先进先出的线性表。根据数据结构中各数据元素之间的前后间关系的复杂程度,一般将数据结构分为两大类型:线性结构与非线性结构。有序线性表既可以采用顺序存储结构,也可以采用链式存储结构。

2.A。【解析】栈是一种限定在一端进行插入与删除的线性表。在主函数调用子函数时,要首先保存主函数当前的状态,然后转去执行子函数,把子函数的运行结果返回到主函数调用子函数时的位置,主函数再接着往下执行,这种过程符合栈的特点,所以一般采用栈式存储方式。

3.C。【解析】根据二叉树的性质,在任意二叉树中,度为 O 的结点(即叶子结点)总是比度为 2 的结点多一个。

4.D。【解析】冒泡排序、简单选择排序和直接插入排序法在最坏的情况下比较次数为:n(n-1)/2。而堆排序法在最坏的情况下需要比较的次数为 O(nlog2n)。

5.C。【解析】编译程序和汇编程序属于支撑软件,操作系统属于系统软件,而教务管理系统属于应用软件。

6.A。【解析】软件测试是为了发现错误而执行程序的过程。软件测试要严格执行测试计划,排除测试中的随意性。程序调试通常也称 Debug,对被调试的程序进行"错误"定位是程序调试的必要步骤。

7.B。【解析】耦合性是反映模块间互相连接的紧密程度,内聚性是指一个模块内部各个元素间彼此结合的紧密程序。提高模块的内聚性,降低模块的耦合性有利于模块的独立性。

8.A。【解析】在数据库应用系统中的一个核心问题就是设计一个能满足用户要求,性能良好的数据库,这就是数据库设计。所以数据库设计是数据库应用的核心。

9.B。【解析】一个关系 R 通过投影运算后仍为一个关系 R',R'是由 R 中投影运算所指出的那些域的列所组成的关系。所以题目中关系 S 是由关系 R 经过投影运算所得(选择运算主要是对关系 R 中选择由满足逻辑条件的元组所组成的一个新关系)。

10.C。【解析】将 E-R 图转换为关系模式时,实体和联系都可以表示为关系。

11. D。【解析】在VB中规定一个变量的数据类型的方式有：(1)在变量名的尾部附上类型说明符来标记变量的类型，如%表示整型、$表示字符串型；(2)在定义变量时指定其类型，注意定义变量时每个变量都应使用As子句申明类型，否则该变量将被视为变体类型。语句定义一组以该语句中指定范围内的字母和以这些字母开头的变量名的数据类型。本题中X被定义为变体类型变量，Y被定义为整型变量。

12. B。【解析】VB中比较字符串大小就是比较其Ascii值大小，规则如下：

(1)如果字符串A的前n位的Ascii码值等于字符串B的前n位的Ascii码值，则继续比较下一位；(2)如果字符串A的第n位的Ascii码值大于字符串B的第n位的Ascii码值，则字符串A>字符串B，反之字符串A<字符串B；(3)如果每一位的Ascii码值都相等，而且长度相同，则表示字符串A=字符串B；(4)如果字符串A是字符串B的前m位(例如abcd与abcdef比较)，则字符串A<字符串B。

由于同一字母的大写的Ascii值小于其小写的Ascii值，根据上述规则本题答案为选项B。

13. B。【解析】Left$(字符串,个数)函数用于取出已有字符串最左边指定个数的字符串；Right(字符串,个数)函数用于取出已有字符串最右边指定个数的字符串；UCase0函数用于将字符串中小写字母转化为大写字母，原本大写或非字母字符保持不变；&运算符用来强制两个表达式做字符串连接。

本题中UCase(Left$(a$,7))=UCase("Visual")="VISUAL，Right$(a$,12)="Programming"，故答案为选项B。

14. C。【解析】MsgBox()函数用于显示提示信息，并可返回一个代表用户点击了哪个按钮的Integer类型值，其常用语法为：MsgBox prompt[,buttons][,title]。其中：prompt参数为消息框的提示信息，该参数是必须的；buttons参数是一个整数用于控制消息框中按钮的数目、类型及消息框图标的样式；title参数为消息框标题栏上显示的内容，如果省略title，则将应用程序名放在标题栏中。MsgBox语句没有返回值，在执行MsgBox语句后，不关闭消息框将不能执行其他操作。

15. A。【解析】为使文本框中每输入一个字符时，标签即能显示其字符个数，可编写文本框的Change事件过程。Len()函数可用于取得字符串的长度。

16. D。【解析】容器(如窗体和框架)中的单选钮(Option Button)组常用于提供多个选项间的唯一选择，其Value属性用于设置或返回每个单选钮的选中状态：值为False表示未选，值为True表示选中。复选框(CheckBox)组常用于提供多个选项间的多重选择，Value属性值决定每个复选框的选中状态：0—UnChecked为未选，1—Checked为选中，2—Grayed为禁用(以灰色呈现)。

17. B。【解析】Str()函数可将数值数据转换为字符串数据，转换时总会在数字前保留一个空位来表示正负，如果数值为正，返回的字符串包含一个前导空格暗示有一个正号。Trim$(字符串)函数用于去掉"字符串"两边的空白字符。从本题显示结果可知，在For循环中窗体上每次显示的是字符串"1234"的前i个字符(i为循环变量)。故答案为选项B。

18. A。【解析】For…Next循环语句可提供一个重复执行的语句序列，遵循"先检查，后执行"的规则，执行过程中，循环次数=Int(终值—初值)/步长+1。

本题代码是一个嵌套的For循环，其中每次执行内循环时的循环次数=(Int(1—5)/—1)+1=5，外循环的循环次数为3，因此执行循环体语句：PrintI*J的次数为15次。

19. B。【解析】Do While1 Until…Loop循环语句的执行过程是：如果条件为真(True)，则执行语句块，当执行到Loop语句时，将返回到While语句并对"条件"再次进行判断，如果仍为真(True)，则重复前述过程。如果条件为假(False)，则不执行语句块，而执行Loop之后的语句。

本题第1次执行循环体后x、n的值分别为6和1，第2次执行循环体后x、n的值分别为72和2，此时While语句"条件"为假，将n、x的值在文本框中显示。

20. D。【解析】取模(Mod)运算符的功能是取两数相除的余数部分，常用于判断一个整数能否被另一个整数整除。本题源程序通过For循环将1～15间的所有整数与3相除所得的余数累加，结果为15。

21. A。【解析】键盘事件是在对象具有焦点时，按下键盘上的键时触发的事件，常见的有KeyDown、KeyUp和KeyPress。当用户按下并释放一个可打印的键盘字符时，KeyDown、KeyPress、KeyUp事件将依次发生。其中，KeyDown(KeyCode As Integer,Shift as Integer)和KeyUp(KeyCode As Integer,Shift as Integer)有两个参数：KeyCode参数是表示所按键的位置信息的代码(将A和a作为同一个键返回，而从大键盘上输出的…1，和从右侧小键盘上输入的"1"将被视为不同的字符)，Shift参数代表按键时Shift、Ctrl、Alt键的状态；KeyPress(KeyAscii As Integer)事件中KeyAscii参数是所按键的Ascii的代码，该参数不显示键盘的物理状态，而只是传递一个字符。KeyPress将每个字符的大、小写形式作为不同的键代码解释，即作为两种不同的字符。Enter键的Ascii为13。

当窗体的 KeyPreview 属性被设置为 True 时,将在控件的键盘事件之前激活窗体的键盘事件。所谓事件,是由 Visual Basic 预先设置好的、能够被对象识别的动作。事件过程中的参数是不能省略的。

22. D。【解析】Dim 用在窗体模块或标准模块中,定义窗体或标准模块数组,也可用于过程中。数组定义的格式可以为:Dim 数组名(第一维下标上界[,第二维下标上界…])As 类型名;还可为:Dim 数组名([下界 To]上界[,[下界 To 扯界]…])As 类型名称。当使用第一种格式定义时,下标上界不能小于0,否则将出现"区间无值"的错误。

本题数组元素的个数为:$(4-(-3)+1) * (6-3+1)=32$。

23. B。【解析】Option Base 1 语句的作用是限定数组下标的默认下限值为1;Array(arglist)函数用于将 arglist 参数中一组用逗号隔开的值列转换成一个数组并赋值给某数组变量,UBound 函数用于返回数组某一维的最大下标(即上界),LBound 函数用于返回数组某一维的最小下标(即下界)。

本题源程序通过 For 循环将1、2、3、4 按顺序组成一个 4 位数,即 1234。

24. D。【解析】控件数组是一组具有共同名称和类型的控件,它们拥有共同的事件,数组中的每个控件都有唯一的索引号(Index),即下标,默认索引号从 0 开始。

添加控件数组的方法是:先通过工具箱建立第 1 个控件,然后对该控件进行"复制"、"粘贴"操作,粘贴时在弹出的对话框中选择建立控件数组,这时控件数组的 Index 值会自动从 0 开始编号。若未做修改,控件数组中的每个元素的大小是一样的。

25. C。【解析】本题源程序中当循环结束时,循环变量 $k=3$,故数组元素 $A2(3)=A1(1)=2$。

26. A。【解析】Function 过程也叫函数过程,一般用于调用后不仅要执行一组代码完成相应操作,还需返回一个有用值的情况,Function 过程定义的格式如下:

[Public 1 Private I Friend][Static]Function 过程名【(参数列表)][As 数据类型]

[语句块]

[过程名=表达式]

[Exit Function]

[语句块]

[过程名=表达式]

End Function

其中,在参数列表中,可以使用 As 子句来指定任何传给该过程的参数的数据类型,如果省略则默认为 Variant。对于 Function 过程而言,过程的数据类型决定其返回值的数据类型,与过程形参的类型没有必然的关系。Function 函数的参数有两种传递方式:按值传递(Byval)和按址传递(Byref),默认为按址(引用)传递,数组参数按址(引用)传递。

27. D。【解析】在 Visual Basic 中不仅可以使用变量作为形式参数,还可以使用窗体或控件作为通用过程的参数。

本题源程序在命令按钮的单击事件过程中,通过调用过程 Func 将标签 Label1 的标题修改为"1234";而标签 Label2 的标题保持不变,还是 10。

28. B。【解析】在 Visual Basic 中,参数通过两种方式传送,即传地址和传值。其中,传地址习惯上称为引用,当通过引用来传送实参时,可以改变传送给过程的变量值;传值就是把需要传送的变量复制到一个临时的单元中,然后把该临时单元的地址传送给被调用的通用过程,它不会改变原来变量的值,所有的变化都是在变量的副本上进行的。

本题自定义函数 Funl 的第 1 个参数按值传递,第 2 个参数虽然按址传递,但调用该函数时,第 2 个参数均为表达式,因此变量 x 的值不受调用函数的影响。第 1 次调用 Funl 函数时,$Funl(10,9)=12$;第 2 次调用 Funl 函数时,$Funl(10,12)=6$;第 3 次调用 Funl 函数时,$Funl(6,9)=0$。

29. C。【解析】Visual Basic 允许用对象为参数,即窗体或控件作为通用过程的参数。在 Visual Basic 中不仅可以使用变量作为形式参数,还可以使用数组、窗体或控件作为通用过程的参数,在用数组作为过程的参数时将按址传递。在调用过程时,使用的实参个数应与过程形参的个数相同。

虽然在调用 Sub 过程时不直接返回值,但仍可通过某些方式,将 Sub 过程中处理的信息传回到调用的程序中,如将参数按址传递。

30. C。【解析】LCase()函数用于将字符串中的大写字母转化为小写字母,原本小写字母或非字母字符保持不变。Mid(字符串,起始位置[,个数])函数用于从已有字符串中取出按指定位置开始的含指定个数字符的字符串。

在本题源程序的 Fun 函数过程中,当第 1 次执行 Do 循环体后,变量 $tStr=Mid("ABCDEF",3+1,1)="D"$;当第 2 次执行 Do 循环体后，变量 tStr="D"&Mid("ABCDEF",4+1,1)="DE";当第 3 次执行 Do 循环体后，变量 tStr="DE"&Mid("ABCDEF",5+1,1)="DEF"。函数返回值为"DEFDEF"，故文本框中显示内容为"defdef"。

31. A.【解析】KeyPreview 属性用于设置是否在控件的键盘事件之前激活窗体的键盘事件。KeyPress(KeyAscii As Integer)事件是在对象具有焦点时，按下键盘上的键时触发的事件，KeyAscii 参数是所按键的 Ascii 的代码，将每个字符的大、小写形式作为不同的键代码解释。Chr()可返回 Ascii 码对应的字符。

本题程序运行时，在文本框中每输入一个字符，字符将被连入变量 SaveAll 中，当输入为"VB"时，SaveAll="VB"。单击命令按钮后，文本框中显示内容应为"vbVB"。

32. A.【解析】本题源程序通过 For 循环输入 4 个整数，并判断其是否能被 5 整除，若能被 5 整除，则将其累加入变量 a 中，并将其赋值给变量 x，否则将变量 x 的值累加入变量 a 中。第 1 次执行循环体时，输入值为 15,a=0+15,x=15。第 2 次执行循环体时，输入值为 24,a=15+15=30；第 3 次执行循环体时，输入值为 35,a=30+35=65,x=35；第 4 次执行循环体时，输入值为 46,a=65+35=100。

33. B.【解析】Visual Basic 中的菜单(包括弹出式菜单)是通过菜单编辑器来设计的。打开某个活动窗体的菜单编辑器有 4 种方法：(1)选择菜单【工具】→【菜单编辑器】命令；(2)单击工具栏中的"菜单编辑器"图标；(3)使用快捷键<Ctrl+E>；(4)右击窗体，从弹出的快捷菜单中选择【菜单编辑器】命令。菜单项的"有效"属性(即 Enabled)是控制菜单项的有效性的，当把一个菜单项的"有效"属性设置为 False，就可以使其失效，运行后该菜单项变为灰色。

菜单项的增减也可通过控件数组来实现。控件数组可以在设计阶段建立，也可以在运行时建立。利用这一特点，可在设计时建立菜单控件数组的第一个元素，该元素的下标为 0、Visible 属性为 False。在程序运行时，通过 Load 语句来建立该菜单控件数组的新元素，并将其 Visible 属性设置为 True，从而实现增加菜单项的功能。删除菜单项时可通过 UnLoad 语句来实现。

34. C.【解析】通用对话框(Common Dialog)可提供诸如打开文件、保存文件、设置打印选项、选择颜色和字体、显示帮助等操作的一组标准对话框，该控件运行时不可见。通用对话框可显示的对话框类型及其对应的 Action 属性值及方法如下：

Action 属性值显示的对话类型有：0 无操作，1 打开文件 ShowOpen，2 存为文件 ShowSave，3 选择颜色 ShowColor，4 选择字体 ShowFont，5 打印 ShowPrinter，6 调用"帮助"文件 ShowHelp。

35. A.【解析】Type 语句用于在模块级别(过程外的任何代码都将作为模块级别代码，必须先列出声明，随后列出过程)中定义一个用户自己的数据类型，本质上是一个数据类型集合，它含有一个至一个以上的成员。每个成员可以被定义为不同的数据类型。当声明自定义类型变量后，可通过"变量名.成员名"来访问自定义变量中的元素。

Visual Basic 程序中关于文件的操作，主要是先打开一个文件，然后对这个文件进行读或写的操作，操作完成后，关闭这个文件。打开文件的基本格式为：Open FileName For Mode As #FileNumber。打开方式主要有 Output、Append、Input、Random 等几种方式，Output、Append、Input 方式打开的文件进行的读写操作都是以顺序方式进行的，其中 Output、Append 打开的文件主要用来输出数据，与 Print#、Write# 等方法配合使用；以 Input 方式打开的文件主要用来读入数据，它与 Input #、LineInput # 语句配合使用。

本题中，选项 B 和选项 D 均是以 Input 方式打开文件，显然错误，选项 C 中向顺序文件中写入记录的语句错误，正确答案只有选项 A。

二、填空题

1. 19【解析】栈底指针减去栈顶指针就是当前栈中的所有元素的个数。

2. 白盒【解析】软件测试按照功能划分可以分为白盒测试和黑盒测试，白盒测试方法也称为结构测试或逻辑驱动测试，其主要方法有逻辑覆盖、基本路径测试等。

3. 顺序结构【解析】结构化程序设计的三种基本控制结构是：选择结构、循环结构和顺序结构。

4. 数据库管理系统【解析】数据库管理系统是数据库的结构，它是一种系统软件，负责数据库中数据组织、数据操纵、数据维护、控制及保护和数据服务等。数据库管理系统是数据库系统的核心。

5. 菱形【解析】在 E-R 图中，用菱形来表示实体之间的联系。矩形表示实体集，椭圆形表示属性。

6. 100 Line1. x1(或 Line1. X2) Image1. Left【解析】计时器控件用以实现在规则的时间间隔触发其 Timer 事件，执行有关事件过程代码来完成对应功能。Interval 属性用于设置触发计时器的 Timer 事件的时间间隔，单位为毫秒，值为 0 时计时器不启用。Enabled 属性控制计时器是否开始启用。True 为启用，False 为不启用。

本题中要使程序运行后每隔 0.1 秒汽车向左移动 100，需将计时器的 Interval 属性值设为 100。在计时器的 Timer 事件过程中,可通过判断图像框的属性值是否大于或等于直线 Line1 的 x1(或 x2)属性值来检查车头是否已到达直线,若尚未到达则通过将图像框的 Left 属性值在原来基础上减 100 来实现移动效果。

7. KeyAscii Combo1. Text【解析】组合框(CombolBox)将文本框与列表框的特性组合在一起,即可在组合框的文本框部分输入信息。

本题在组合框的 KeyPress 事件过程中,首先判断当前是否按下 Enter 键,即参数 KeyAscii 的值是否等于 13,若是则利用 For 循环语句(K 初值为 0,终值为 Combo1. ListCount−1),逐一判断组合框列表框中的各项是否与其文本输入框中的内容一致,若一致则清空组合框的文本框,并且退出循环。循环结束后若没有找到相同内容,则通过组合框的 AddItem 方法将当前文本输入框中的内容(Combo1. Text)添加到组合框的列表框中。

8. Input ch Len(mystr)【解析】Asc()函数可返回字符的 Ascii 码值,该值可以进行数学运算。本题源程序在自定义函数 toascii 中通过 For 循环逐一取出参数 mystr 中的每个字符,并将 Ascii 码值累加入变量 n,函数返回值为参数 mystr 中每个字符的 Ascii 码之和。以读入方式打开数据文件应使用 Input;调用函数 toascii 时,参数应为以行方式读入到变量 ch 中的字符串;函数 toascii 中 For 循环变量的终值应为参数 mystr 的长度 t,即 Len(mystr)。

9.1 a(k)【解析】String(个数,字符)函数可返回含指定个数字符的字符串,其中的字符参数可以是字符码或字符。如果第二个参数为字符串,则返回其首字符组成的字符串。插入字符串语句 Mid$(字符串,位置[,L])=子字符串,用于将字符串从指定位置开始的字符用"子字符串"代替。

本题源程序在过程 code 中,通过 For 循环,用 Mid 函数逐一取出字符串 mystr 中的每个字符赋值给变量 c1(故循环变量的初值为 1),并按数组 a 提供的对应序列(即 n=a(k)),将字符串 ch 的第 n 个字符替换为变量 c1 的值。

第8套 笔试考试试题答案与解析

一、单选题

1. C。【解析】线性结构是指数据元素只有一个直接前驱和一个直接后驱,线性表是线性结构,循环队列,带链队列和栈是指对插入和删除有特殊要求的线性表,是线性结构。而二叉树是非线性结构。

2. B。【解析】栈是一种特殊的线性表,其插入和删除运算都只在线性表的一端进行,而另一端是封闭的。可以进行插入和删除运算的一端称为栈顶,封闭的一端称为栈底。栈顶元素是最后被插入的元素,而栈底元素是最后被删除的。因此,栈是按照先进后出的原则组织数据的。

3. D。【解析】循环队列是把队列的头和尾在逻辑上连接起来,构成一个环。循环队列中首尾相连,分不清头和尾,此时需要两个指示器分别指向头部和尾部。插入就在尾部指示器的指示位置处插入,删除就在头部指示器的指示位置删除。

4. A。【解析】一个算法的空间复杂度一般是指执行这个算法所需的存储空间。一个算法所占用的存储空间包括算法程序所占用的空间,输入的初始数据所占用的存储空间及算法执行过程中所需要的额外空间。

5. B。【解析】耦合性和内聚性是模块独立性的两个定性标准,是互相关联的。在软件设计中,各模块间的内聚性越强,则耦合性越弱。一般优秀的软件设计,应尽量做到高内聚,低耦合,有利于提高模块的独立性。

6. A。【解析】结构化程序设计的主要原则概括为自顶向下,逐步求精,限制使用 GOTO 语句。

7. C。【解析】N−S 图(也被称为盒图或 CHAPIN 图)和 PAD(问题分析图)及 PFD(程序流程图)是详细设计阶段的常用工具,E−R 图即实体—联系图,是数据库设计的常用工具。从图中可以看出该图属于程序流程图。

8. B。【解析】数据库系统属于系统软件的范畴。

9. C。【解析】E−R 图即实体—联系图(Entity Relationship Diagram),提供了表示实体型、属性和联系的方法,用来描述现实世界的概念模型,构成 E−R 图的基本要素是实体型、属性和联系,其表示方法为:实体型(Entity):用矩形表示,矩形框内写明实体名;属性(Attribute):用椭圆形表示,并用无向边将其与相应的实体连接起来;联系(Relationship):用菱形表示,菱形框内写明联系名,并用无向边分别与有关实体连接起来,同时在无向边旁标上联系的类型(1:1,1:n 或 m:n)

10. D。【解析】关系的并运算是指由结构相同的两个关系合并,形成一个新的关系,其中包含两个关系中的所有元素。由题可以看出,T 是 R 和 S 的并运算得到的。

11. C。【解析】给变量命名时应遵循四个原则:(1)名字只能由字母、数字和下画线组成;(2)名字的第一个字符必须是英文字母,最后一个字符可以是类型说明符;(3)名字的有效字符为 255 个;(4)不能用 VB 的保留字作为变量名,但可以把保留字嵌入变量名中;同时,变量名也不能是末尾带有说明符的保留字。

< 135 >

12．D。【解析】VB中乘除的表示方法为＊和／，而不是×和÷，并且乘除的运算优先级大于加减，故应选D。

13．A。【解析】标准模块中不可以含有窗体，含有窗体的模块称为窗体模块。

14．C。【解析】组合框没有Caption属性。

15．D。【解析】FontItalic属性设置字体斜体。FontUnderline设置字体下画线，FontBold设置字体粗体，FontSlope为迷惑选项，没有这个属性。

16．D。【解析】事件过程的命名方式一般为事件对象＿事件名，所以该事件应为"Click"的"MouseDown"事件。

17．A。【解析】Rnd产生0到1之间的一个单精度随机数。

18．C。【解析】Form＿Load事件只在显示窗体时发生。

19．B。【解析】单击命令按钮首先激发Command1＿Click事件，Command1＿Click事件将Text1的文本设为"程序设计"，然后将光标置到文本框，这将激发Text1＿GotFocus()，执行Text1＿GotFocus()即为B选项结果。

20．C。【解析】题中单选按钮的Value属性表示是否被选中，True表示选中，False是未选中语句If option1.Value＝True Then表示当单选按钮选中时执行Then语句。C选项只是判断变量Value是否为True，不符题意。

21．A。【解析】滚动条是可以将Max的值设成比Min小的。这样设置的话，向左移动时Value值是增加的。

22．C。【解析】Static是将变量声明为静态变量，每次调用值会取上次调用后的值。而numb是局部变量，每次会重新初始化，所以应选C选项。

23．A。【解析】Step可以设置For循环的步长，所以程序执行6次，Int(i)是求不大于自变量i的最大整数。

24．B。【解析】本题考查了嵌套的For循环，答案为B选项。

25．B。【解析】本题考查了Do Loop循环，实现的是最小公倍数。本题中If语句实现了a和b交换。

26．C。【解析】Static是将变量声明为静态变量，每次调用值会取上次调用后的值。计时器的Interval属性为计时器记时间隔。

27．D。【解析】本题程序利用了"1＋2＋22＋…＋2n＝2＊(1＋2＋22＋…＋2n－1)＋1"，所以应同时进行B和C两种修改。

28．D。【解析】本题考查的是变量的作用域。在Call var＿pub中使用的是全局变量x，局部变量x的改变。

29．B。【解析】求余运算符为"\"。

30．A。【解析】在"打开"对话框中单击"打开"按钮能够返回文件路径，但不打开文件，将选中的文件打开需要在程序中另行处理。

31．B。【解析】组合键的设置是在标题的相应字母前加"&"符。

32．D。【解析】本题是从后往前依次取ss的字符加到m后，起到了逆序输出的作用。

33．B。【解析】计时器的Interval属性为计时器记时间隔，具有自动触发的功能，每一次触发都会调用Timer事件（实现类似循环的效果），所以不应该再在里面写上该For循环。

34．C。【解析】随机文件的记录是定长的。

35．A。【解析】在执行RemoveItem时，会改变该序号Item之后的列表内容的序号，因此，循环删除应从后向前操作。

二、填空题

1．14【解析】叶子结点总是比度为2的结点多一个。所以具有5个度为2的结点的二叉树有6个叶子结点。总结点数＝6个叶子结点＋5个度为2的结点＋3个度为1的结点＝14个结点。

2．逻辑处理【解析】程序流程图的主要元素：(1)方框：表示一个处理步骤。(2)菱形框：表示一个逻辑处理。(3)箭头：表示控制流向。

3．需求分析【解析】软件需求规格说明书是在需求分析阶段产生的。

4．多对多【解析】每个"学生"有多个"可选课程"可对应，每个"可选课程"有多个"学生"可对应。

5．身份证号【解析】主关键字的要求必须是不可重复的，只有身份证号能够满足这个条件。

6．Text1.Text Text1.Text Form2【解析】第一空：判断输入内容是否为数字，第二空：取得输入的半径值，第三空：在Form2上显示结果。

7．Is Else End Select【解析】情况语句表达式列形式可以是：(1)表达式[,表达式]…，(2)表达式To表达式，(3)Is关系运算表达式。

8．12 10【解析】本题考查了参数传递的传值与传地址的区别。

9. Number S【解析】本题考查了文件操作,第一空:判断是否是文件末尾,第二空:将文件一行内容追加到文本框上,并换行。

 第9套 笔试考试试题答案与解析

一、单选题

1. C。【解析】二分法查找只适用于顺序存储的有序表,对于长度为 n 的有序线性表,最坏情况只需比较 log2n 次。

2. D。【解析】算法的时间复杂度是指算法需要消耗的时间资源。一般来说,计算机算法是问题规模 n 的函数 f(n),算法的时间复杂度也因此记做 T(n)=O(f(n))。因此问题的规模 n 越大,算法执行的时间的增长率与 f(n) 的增长率正相关,称做渐进时间复杂度(Asymptotic Time Complexity)。简单来说就是算法在执行过程中所需要的基本运算次数。

3. C。【解析】编辑软件和浏览器属于工具软件,教务系统是应用软件。

4. A。【解析】调试的目的是发现错误或导致程序失效的错误原因,并修改程序以修正错误。调试是测试之后的活动。

5. C。【解析】数据流程图是一种结构化分析描述模型,用来对系统的功能需求进行建模。

6. B。【解析】开发阶段在开发初期分为需求分析、总体设计、详细设计 3 个阶段,在开发后期分为编码、测试两个子阶段。

7. C。【解析】模式描述语言(Data Description Language,DDL)是用来描述、定义的,反映了数据库系统的整体观。

8. D。【解析】一个数据库由一个文件或文件集合组成。这些文件中的信息可分解成一个个记录。

9. C。【解析】E－R(Entity－Relationship)图为实体－联系图,提供了表示实体型、属性和联系的方法,用来描述现实世界的概念模型。

10. A。【解析】选择是建立一个含有与原始关系相同列数的新表,但是行只包括那些满足某些特定标准的原始关系行。

11. D。【解析】本题考查控件的基本知识,A 选项为恢复键入,B 选项为运行工程或启动工程,C 选项为添加 Standard. EXE 工程,D 选项为结束工程。

12. B。【解析】IIf 函数可以用来执行简单的条件判断操作,它是"If…Then…Else"结构的简写版本,是"Immediate If"的缩略。其格式如下:IIf(条件,True 部分,False 部分),"条件"是一个逻辑表达式。当"条件"为真时,IIf 函数返回"True 部分",否则返回"False部分"。"True 部分"或"False 部分"可以是表达式、变量或其他函数。该函数与 C 语言中的三目运算符"?:"功能相似,可以使程序大为简化。本题中当输入的 x 大于 0 时,返回－x 的值,当 x 为负数时,不符合条件,返回 x 本身,因为 x 本身就是负数,所以本题两种条件下返回的都一定是负值,本题答案为 B 选项。

13. C。【解析】本题中最后输出 a 的值为 a%100 的余数,一定是整型,s 未定义,在 VB 中,未定义的变量为变体型,所以本题答案为 C。

14. A。【解析】Text 是文本框的基本属性,Caption 属性是设置名称,Left 是居左或向左,Enabled 为设置属性可用。

15. D。【解析】Call 为调用子程序,本题中 Call 是调用了一个写有"VB"的对话框。不是直接在消息框中输出 VB。

16. C。【解析】当单击单选按钮时,Index 值用来表示哪个单选按钮被选中了,所以 C 选项正确。

17. B。【解析】SetFocus 是将光标定位的意思,本题中要将光标定位到 Text1 文本框,所以应该是 Text1 文本框得到光标。本题答案为 B 选项。

18. A。【解析】每输入一个字符,经历了键盘上的字符被按下,又弹起,或再次被按下,又被弹起的过程,所以此过程涉及了 KeyPress、KeyDown 和 KeyUp 这三个过程。

19. B。【解析】一个工程中可以包含有多个标准模块,在标准模块中包含一个或多个 Public 过程,可以声明全局变量,可以包含一个 Sub Main 过程,并且设置为启动过程。

20. A。【解析】本题考查鼠标事件过程,鼠标事件过程可写为:窗体名_事件过程名,与标题名无关。C 选项窗体名错误,不可以统写,所以本题答案为 A 选项。

21. A。【解析】定义动态数组使用 Dim 数组名[] As 数组类型,不规定数组的大小。重定义后,可以定义数组的长度,但不能定义数组的类型。本题 A 选项正确。选项 B 中,重定义后不可改变数组类型。选项 C 中必须先定义数组类型。选项 D 中开始定义了数组长度,不是动态数组。

22. D。【解析】GCD 函数返回两个或多个整数的最大公约数,最大公约数是能分别将各个参数除尽的最大整数。其语法格式为 GCD(num1,num2,...),num1,num2,... 为 1～255 个数值,如果参数为非整数,则截尾取整,所以本题正确的写法是 gcd(8,gcd(12,16))。

23.A。【解析】本题是要得出矩阵的倒置,首先本题定义了一个3行5列的矩阵,转换完成后要变成5行3列,把原来的行元素变成后来的列元素,所以先输出j,再输出i。故本题答案为A选项。

24.D。【解析】本题要实现的功能是当输入错误口令时,在窗体上显示输入错误口令的次数,本题若要正确记录输入错误的次数,应把n定义成静态变量n。

25.C。【解析】本题是对P1的鼠标移动的记录,并且在屏幕上输出坐标位置,所以为P1.Print X,Y。

26.C。【解析】Step用在For循环中,表示每一次循环,变量增加几,本题中按照公式,k作为分母值应为奇数,所以应用For k=3 To n Step 2。从3开始的奇数,所以本题为C。

27.A。【解析】本题中s=s+a*a*a即求a3,a=a-1即把每次a减1,直到a≤0退出循环,所以本题是求所有的a3之和,所以A选项正确。

28.C。【解析】本题定义了元素为5的数组,并且定义Code和Caption都为整型,正确输出语句应为Print arr(2).Code,arr(2).Caption。

29.C。【解析】本题中CD1显示的文件类型为Filter中的第1个"所有文件",应在CD1.Action=1语句的前面添加CD1.FilterIndex=3语句,将文本类型设置为"文本文件",所以本题答案为C。

30.B。【解析】本题是要把一个三位整数分开,分别输出个位、百位和十位。Mod为取余运算,"\"为取整运算,所以本题输出539。

31.C。【解析】本题程序中的意思为如果选择了符合条件的数,那么将选中的项增加到List2列表框中,同时在List1中移除所选项,所以本题A和B选项均正确。

32.B。【解析】本题要在输入口令并回车后隐藏Form1,显示Form2。本题第2个If的意思当口令为Teacher时,则Form2的录入框正常显示,否则不显示,至此End If结束。此时应该为Form1.Hide,Form2.Show。对应第1个If语句。如果Form1.Hide,Form2.Show语句在两个End If的后面,则没有回车时,就隐藏了Form1,显示了Form2,所以B选项正确。

33.A。【解析】本题要把Text1文本框中的内容写入到#2中,应先指定文件名,所以本题答案为A。

34.B。【解析】本题定义了一个有5个元素的数组,并给数组依次赋了值,然后调用prog函数,该函数的功能是如果a(j)<a(j+1),则进行交换,也就是把小的数放在后面,因为j是从1开始的,也就是说1经过交换后被排在最后,所以本题答案为54321。

35.D。【解析】本题定义了一个25个字符的数组,然后在键盘上接收字符,Mid(string, start[, length])函数的语法具有如下的命名参数:部分说明string必要参数。字符串表达式,从中返回字符。在本题中返回的字符减去"A"的Ascii值,如果结果大于0,则记数,最后返回符合条件的值。

二、填空题

1.A,B,C,D,E,F,5,4,3,2,1【解析】队列是先进先出的。

2.15【解析】队列个数=rear-front+容量。

3.EDBGHFCA【解析】后序遍历的规则是先遍历左子树,然后遍历右子树,最后遍历访问根结点,各子树都是同样的递归遍历。

4.程序【解析】参考软件的定义。

5.课号【解析】课号是课程的唯一标识即主键。

6.2【解析】VB中复选框的Value属性,有三个可能值,0:(缺少值),未选中。另两个取值为:1,选中;2,变灰,表示暂时不能访问,处于禁用状态。

7.500 Not Label1.Visible Timer1.Enabled=True【解析】为了使计时器控件Timer1每隔0.5秒触发一次Timer事件,应将Timer1控件的Interval属性设置为500;当"欢迎"二字消失时,则Lable1中的内容不可见,因此将Not Lable1.Visible这个属性赋值给Label1.Visible,同时触发一次Timer事件,此时Timer1.Enabled=True。

8.28【解析】Do……Loop语句是循环语句,当条件满足时执行循环体,不满足条件时则退出循环,该语句至少执行一次。本题程序共执行四次,第一次执行完i=10,n=8;第二次执行后i=18,n=6;第三次执行后i=24,n=4;第四次执行后i=28,n=2,此时不满足条件,则退出循环,故i的值为28。

9.a()或 a n=n-1【解析】本题中程序的功能是通过调用过程Swap,实现数组中数值的存放位置,即数据组中第一个数与最后一个数互换。

10.EOF(1) Close #1 Text1.Text 或 Text1【解析】本题第1个空是判断逻辑值,在VB中使用EOF。第2空是当文件调用后,关闭文件,所以第2空应为 Close #1。第3个空是显示输出文件内容,所以应填 Text1。

 第10套　笔试考试试题答案与解析

一、单选题

1. B。【解析】与顺序存储结构相比,线性表的链式存储结构需要更多的空间存储指针域,因此,线性表的链式存储结构所需要的存储空间一般要多于顺序存储结构。

2. C。【解析】栈是限制仅在表的一端进行插入和删除的运算的线性表,通常称插入、删除的这一端为栈顶,另一端称为栈底。

3. C。【解析】软件测试的目的主要是在于发现软件错误,希望在软件开发生命周期内尽可能早发现 Bug。

4. A。【解析】①对软件开发的进度和费用估计不准确;②用户对已完成的软件系统不满意的现象时常发生;③软件产品的质量往往靠不住;④软件常常是不可维护的;⑤软件通常没有适当的文档;⑥软件成本在计算机系统总成本中所占的比例逐年上升;⑦软件开发生产率提高的速度,远远跟不上计算机应用迅速普及深入的趋势。

5. B。【解析】软件生命周期(SDLC,Systems Development Life Cycle,SDLC)是软件的产生直到报废的生命周期,周期内有问题定义、可行性分析、总体描述、系统设计、编码、调试和测试、验收与运行、维护升级到废弃等阶段。

6. D。【解析】继承:在程序设计中,继承是指子类自动享用父类的属性和方法,并可以追加新的属性和方法的一种机制。它是实现代码共享的重要手段,可以使软件更具有开放性、可扩充性,这是信息组织与分类行之有效的方法,这也是面向对象的主要优点之一。继承又分为单重继承和多重继承。单重继承是指子类只能继承一个父类的属性和操作;而多重继承是指子类可以继承多个父类的属性和操作。熟悉 IT 的人都知道,Java 是一种单重继承语言,而 C++ 是一种多重继承语言。

7. D。【解析】层次型、网状型和关系型数据库划分的原则是数据之间的联系方式。

8. C。【解析】一个工作人员对应多台计算机,一台计算机对应多个工作人员,则实体工作人员与实体计算机之间的联系是多对多。

9. C。【解析】外模式,也称为用户模式。在一个数据库模式中,有 N 个外模式,每一个外模式对应一个用户。外模式保证数据的逻辑独立性。

内模式属于物理模式,因此一个数据库只有一个内模式;内模式规定了数据的存储方式、规定了数据操作的逻辑、规定了数据的完整性、规定了数据的安全性、规定了数据存储性能。

10. A。【解析】结构化程序的概念首先是从以往编程过程中无限制地使用转移语句而提出的。转移语句可以使程序的控制流程强制性地转向程序的任一处,在传统流程图中,就是用上节我们提到的“很随意”的流程线来描述这种转移功能。如果一个程序中多处出现这种转移情况,将会导致程序流程无序可寻,程序结构杂乱无章,这样的程序是令人难以理解和接受的,并且容易出错。尤其是在实际软件产品的开发中,更多地追求软件的可读性和可修改性,像这种结构和风格的程序是不允许出现的。

11. A。【解析】图标作用如下:添加窗体,新建工程,打开菜单编辑器,打开属性窗口,所以选 A。

12. D。【解析】在 Visual Basic 集成环境的设计模式下,用鼠标双击窗体上的某个控制按钮,打开的窗口是代码窗口。

13. B。【解析】组合框和列表框都没有 selected 属性。

14. B。【解析】VB 在控件数组中有一个 Index 属性,标识数组中的每个控件,使之与其他控件能够区分开来,索引号从 0 开始。

15. B。【解析】VB 中滚动条的可响应的事件有 change 事件、Dragdrop 事件、DragOver 事件、gotFocus 事件、keyDown 事件、keyPress 事件、keyUp 事件、lostFoucus 事件、Scroll 事件和 Validate 事件,所以选 B,Scroll 事件。

16. B。【解析】函数 IIf((a > b) And (c > d), 10, 20)。有三个参数第一个参数为布尔型,如果第一个参数为真,就返回第二个参数的值,若为假则返还第二个参数的值,所以选 B。

17. C。【解析】sgn(x)是符号函数,此函数的值有三个,当 x>0 时,sgn(x)=1;当 x=0 时,sgn(x)=0;当 x<0 时,sgn(x)=-1。abs 功能是求整数的绝对值,格式为 int abs(int i)。因为 -6^2 等于 -36,所以 sgn(-6^2)=-1,abs(-6^2)=36,int (-6^2)=-36,所以选 C。

18. A。【解析】top 值是距离包含它的容器顶端的距离,又因为命令按钮在图片框里面,所以选 A。

19. B。【解析】MsgBox 函数的格式为:MsgBox(msg[,type][,title][,helpfile,context])该函数有 5 个参数,除第二个参

< 139 >

数外,其余参数都是可选的。Mid 函数用于提取字符串中的指定位数,函数调用格式为 Mid(string,start[,length]),其中 start 为必要参数,为 Long 型,为被取出部分的首字符的位置。如果 start 超过 string 的字符数,Mid 返回空串。Right 函数格式为 Right(string,length),返回值为 String 型,其中包含从字符串右边取出的指定数量的字符,所以选 B。

20. A。【解析】文本框控件的 change 事件是当控件的文本区中的文字发生变化时触发。Click 事件是当用户点击该控件时触发的。所以根据题意要求,用户输入文本,则表桥中立即显示,也就是说当用户向文本框输入时执行,所以应使用文本框控件的 change 事件,语句 label1.Caption＝Text1.text 的作用是将用户的输入传给标签控件的属性 Caption 显示,故选 A。

21. C。【解析】VB 中命令按钮可执行的事件包括 Click 事件、Dragdrop 事件、DragOver 事件、gotFocus 事件、keyDown 事件、keyPress 事件、keyUp 事件、lostFoucus 事件、MouseMove 事件、MouseDown 事件、MouseUp 事件等,所以选 C。

22. D。【解析】static 用于定义静态变量,Dim 定义的是动态变量。静态变量的生存期是程序的整个运行时间,而动态变量的生存期是所在的过程结束,过程结束该动态变量即被销毁,而变量的可见性是指变量在程序的那些部分可供调用,过程中定义的变量在此过程结束后销毁。故本题选 D。

23. B。【解析】本题考查的 do until 循环语句。do until 是直到型循环,当条件为假时执行循环体,直到为真结束。本题中首先 y＝4,循环条件 y＞4,所以关系表达式的结果为假,执行循环体中的语句,直到 x＝4,y＝5,然后再次进入循环判断因为 y＝5,所以循环判断表达式结果为真,不执行循环体,循环结束,Print x 打印 x 中的值。故选 B。

24. D。【解析】InputBox 函数在一对话框中显示提示,等待用户输入正文或按下按钮,并返回包含文本框内容的 String。InputBox 语法如下 InputBox(prompt[,title][,default][,xpos][,ypos][,helpfile,context]),其中 Prompt 是必须的,其余可选,参数 Prompt 是作为对话框消息出现的字符串表达式。prompt 的最大长度大约是 1024 个字符。Title 可选,显示对话框标题栏中的字符串表达式,所以选 D。

25. C。【解析】本题考查嵌套 For 循环语句,因为 n＝5,所以外层循环执行 5 次,内层循环为 1 到 i 次,所以循环体 x＝x＋1 共执行 1＋2＋3＋4＋5＝15 次,故答案为 C。

26. A。【解析】本题考查数组为参数在函数间的传递。本题中,当用户点击控件 Command1 时,控件的 Command1_Click() 事件过程被触发,在此过程中首先定义了一个包含 4 个元素的数组 a,并赋值,然后将数组 a 为参数传递给过程 subP,在过程 subP 中执行 For 循环分别给 a 中的 4 个元素赋值为 2、4、6、8。函数执行结束返回过程 Command1_Click(),利用 For 循环打印输出 a 数组中的值,所以选 A。

27. C。【解析】本题是利用 While 循环求斐波拉希契数列,将求的值与 x 进行比对,若 x 是数列中的值,则返回 True,否则将返回 False。由于循环条件为 x＜b,a 与 b 的初始值为 1,而 x 是整数,所以 x 不可能小于 b,所以循环不执行,如果需要执行,只需改动 While 中的条件判断,所以答案选 C。

28. D。【解析】Mid 函数用于提取字符串中的指定位数,函数调用格式为 Mid(string,start[,length]),其中 start 为必要参数,为 Long 型,为被取出部分的首字符的位置。如果 start 超过 string 的字符数,Mid 返回空串。length 可选参数为返回的字符数,如果省略或 length 超过文本的字符数,将返回字符串中从 start 到尾端的所有字符。Len 函数的作用是返回串的长度。本题中 a 串长 4,b 串长 6,每次循环将 a、b 的第 k 个字符取出连在一起给串 c,k 从 1 开始,当 k＝5 时,将 b 中 k 位置的字符依次插入串 c 中。

29. A。【解析】本题是利用循环语句输出,每次循环在一行中输出 i 个星号,变量 m 是行号,j 是星号个数,无参数的 print 语句让程序在新的一行输出。

30. D。【解析】此程序的作用是将数组 a 中 a(0)、a(1)、a(2)、a(3) 作为千位、百位、十位、个位组成一个新数,i 是数组的下标,作用是依次取 a(3)、a(2)、a(1)、a(0),s＝s＋a(i)＊j 的作用是将取到的数依次放到个位、百位、十位、千位,这是因为 j 四次循环的取值分别为 1、10、100、1000,所以 s 四次循环的取值为 4、4＋30、34＋200、324、324＋1000。

31. D。【解析】本题主要考查随机文件与顺序文件的特点与区别,及文件操作的特点。Visual Basic 中有 3 种文件访问的类型:顺序文件、随机文件、二进制文件。

随机文件又称直接存取文件,简称随机文件或直接文件。随机文件的每个记录都有一个记录号,在写入数据时只要指定记录号,就可以把数据直接存入指定位置。而在读取数据时,只要给出记录号,就可直接读取。在记录文件中,可以同时进行读、写操作,所以能快速地查找和修改每个记录,不必为修改某个记录而像顺序文件那样,对整个文件进行读、写操作。其优点是数据存取较为灵活,方便,速度快,容易修改,主要缺点是占空间较大,数据组织复杂。顺序文件:顺序文件将文件中的记录一个接一个地按顺序存放。

二进制访问能提供对文件的完全控制,因为文件中的字节可以代表任何东西,当要使文件的尺寸尽量小时,应使用二进制访问。

在文件处理过程中,执行完 Open 操作后,程序将生成一个文件指针,程序可以调用 LOF 函数来获得返回给文件分配的字节数。在随机文件中,每个记录的长度是固定的,记录中的每个字段的长度也是固定的。因为是操作随机文件,所以选 D。

32. C。【解析】PopupMenu 方法用来显示弹出式菜单,其格式为:[对象.]PopupMenu 菜单名[,Flags][,X,Y,][Bold-Command]。根据题意,为了显示菜单,所以要把 PopupMenu 方法放到 Form_Click 事件中,菜单名为 edit,所以选 C。

33. C。【解析】本题利用嵌套 for 循环给数组 Arr 赋值。结果是 Arr(3,3)=7,Arr(3,4)=8,Arr(4,3)=9,Arr(4,4)=10,其他与后面程序无关,然后再次利用嵌套循环输出,输出顺序为 Arr(3,3),Arr(4,3),print,Arr(3,4),Arr(4,4),所以结果为 C。

34. B。【解析】Mid 函数用于提取字符串中的指定位数。Len 函数的作用是返回串的长度。本题中,For k=1 To Len(str)语句的作用是每次循环提取 str 串中的一个字符,语句 temp=Mid(str,k,1)的作用是将提取的字符存入字符变量 temp 中,然后将 temp 和用户欲删除的字符做比对,若不同,则将此字符插入到字符串 ret 的末尾。循环结束 ret 中保存的就是不包含用户欲删除字符的字符串,也就是题目要求的字符串了,所以选 B。

35. A。【解析】KeyPreview 属性被设置为 True,则一个窗体先于该窗体上的控件接收到此事件。Form_Load 事件是窗体载入事件,常用于窗体的初始化,Text1 和 Text2 的属性 Enabled 设置成 False,禁止向文本框里输入。本题中 Form_KeyDown,Form_KeyPress 事件的作用是将用户按下的按键值分别传给字符串 s1,s2,然后通过命令按钮输出。

二、填空题

1. 填 1DCBA2345【解析】栈是限制仅在表的一端进行插入和删除的运算的线性表,通常称插入、删除的这一端为栈顶,另一端称为栈底。

2. 1【解析】题干未说明线性表的元素是否已排序,若元素已降序排列,则用顺序查找法最少只需要找 1 次。

3. 填 25【解析】在任意一棵二叉树中,度数为 0 的结点(即叶子结点)总比度为 2 的结点多一个,因此该二叉树中叶子结点为 7+1=8,8+17=25。

4. 结构化【解析】结构化程序可以分为三种基本结构,即顺序结构、分支结构、循环结构。

5. 物理设计【解析】数据库设计的四个阶段包括:需求分析、概念设计、逻辑设计和物理设计四个阶段。

6. Array 1 city(i)【解析】根据题意欲创建名为 city 的数组,所以第一空填 Array,然后利用 for 循环遍历数组 city 的元素,由 Option Base 1 语句知数组的下界限定为 1,所以第二空填 1,Combol. AddItem city(i) 的作用是将数组中的第 i 项的字符串添加到 Combol 中构成组合框中下拉列表的第 i 项,所以第三空填 city(i)。

7. fun 276【解析】因为 fun 是个求值函数,故通过函数名返回值,所以第一空填 fun。本题中 fun 函数的参数 n 是按地址传送的(即此值不会在函数结束后被销毁),所以语句 Str(fun(x)+fun(x)+fun(x)),据题意可知第一个 fun(x)结果为 4,第二个 fun(x)结果为 16,第三次 fun(x)结果为 256,所以第二空填 276。

8. Len p(i). gName picFile【解析】Open 语句格式 Open filename For Random as [#]filenumber Len=Reclength。(1)参数 filename 和 filenumber 分别表示文件名或文件号。(2)关键字 Random 表示打开的是随机文件。(3)Len 子句用于设置记录长度,长度由参数 Reclength 指定,Reclength 的值必须大于 0,而且必须与定义的记录结构的长度一致。本题中 Len(pRec)是求 pic 结构类型的长度,也就是设置欲读取的结构类型的长度,所以第一空填 Len。RTtim(List1. List(i))=RTrim()此判定表达式的作用是判定列表框中的列表项的值和物品名是否相同,函数 trim 是去字符串中的空格,是干扰项,对本题没什么影响,所以第二空填 p(i). gName。语句 Picture1. Picture=LoadPicture(p(i). picFile)的作用是装载指定的图片,loadPicture 函数的参数是所要载入图片的图片名,所以第三空填 picFile。

9. Cd1. FileName Visible【解析】语句 Open Cd1. FileName For Input As #1 的作用是读取文件的内容,而 Cd1. FileName 属性就是打开文件操作时用户选中的 in. txt 文件的名字(包含文件的绝对路径),所以第一空填 Cd1. FileName。由于菜单 FName 的 Visible 属性是 False,为了要将其显示,第二空须填 Visible。

第5章　上机考试试题答案与解析

第1套　上机考试试题答案与解析

一、基本操作题

(1)

①新建一个名为 Form1 的窗体。

②单击工具箱中的 Label 控件图标,在窗体上拖拉出一个标签,在其属性窗口设置名称为 Lab1,Caption 属性为"请输入密码"。

③单击工具箱中的 TextBox 控件图标,在窗体上拖拉出一个文本框,在属性窗口设置该文本框名称为 Text1;在属性窗口设置其 Width 属性为 1500,Height 属性为 300,设置 PasswordChar 属性为" * "。

④按要求保存文件即完成本题。

(2)

①新建一个名为 Form1 的窗体。

②单击工具箱中的 TextBox 控件图标,在窗体上拖拉出一个文本框,在属性窗口设置该文本框名称为 Text1,Text 属性为"我"。

③单击工具箱中的 HScrollBar 控件图标,在窗体上拖拉出一个水平滚动条,在属性窗口设置该水平滚动条名称为 HS1,Max 为 100,Min 为 10,LargeChange 为 5,SmallChange 为 2。

④打开代码窗口,输入如下代码:Text1. FontSize＝HS1. Value

End Sub

⑤按要求保存文件即完成本题。

二、简单应用题

(1)

①打开题目所给工程文件;

②单击工具箱中的 TextBox 控件图标,在窗体上拖拉出一个文本框,在属性窗口设置其名称为 Text1;

③单击工具箱中的 CheckBox 控件图标,在窗体上拖拉出两个复选框,在属性窗口设置两个复选框名称分别为 Chk1 和 Chk2,标题分别为"物理"和"高等数学";

④单击工具箱中的 CommandButton 控件图标,在窗体上拖拉出一个命令按钮,在属性窗口设置该命令按钮为 Cmd1,Caption 为"确定";

⑤打开代码窗口输入如下代码:

```
Private Sub Cmd1_Click()
IfChk1. Value＝Checked Then
IfChk2. Value＝Checked Then
Text1. Text＝"我选的课程是物理高等数学"
Else
Text1. Text＝"我选的课程是物理"
End If
Else
If Chk2. Value＝Checked Then
Text1. Text＝"我选的课程是高等数学"
Else
```

Text1. Text="我选的课程是"

End If

End If

End Sub

⑥按要求保存文件即完成本题。

(2)

①新建一个名为 Form1 的窗体；

②执行"工具"菜单中的"菜单编辑器"命令，打开菜单编辑器；在"标题"栏中输入"颜色"，在"名称"栏中输入 vbColor；单击"下一个"按钮，再单击编辑区的右箭头按钮，在"标题"栏中输入"红色"，在"名称"栏中输入 vbRed；单击"下一个"按钮，在"标题"栏中输入"绿色"，在"名称"栏中输入 vbGreen；单击"下一个"按钮，在"标题"栏中输入"黄色"，在"名称"栏中输入"vbYellow"；单击"下一个"按钮，再单击编辑区的左箭头按钮，在"标题栏"中输入"帮助"，在"名称"栏中输入"vbHelp"；

③打开代码窗口输入如下代码：

Private Sub vbGreen_Click()

Text1. Text="苹果是绿色的"

End Sub

Private Sub vbRed_Click()

Text1. Text="西红柿是红色的"

End Sub

Private Sub vbYellow_Click()

Text1. Text="香蕉是黄色的"

End Sub

④按要求保存文件即完成本题。

三、综合应用题

1.打开题目所给的工程文件；

2.执行"工具"菜单中的"菜单编辑器"命令，打开菜单编辑器；在"标题"栏中输入"读数"，在"名称"栏中输入"vbRead"；单击"下一个"按钮，在"标题"栏中输入"计算"，在"名称"栏中输入"vbCalc"；单击"下一个"按钮，在"标题"栏中输入"存盘"，在"名称"栏中输入"vbSave"；

3.单击工具箱中的 TextBox 控件图标，在窗体上拖拉出一个文本框，在属性窗口设置其名为 Text1，Multiline 属性值为 Turn，ScrollBars 属性设置为 2；

4.打开代码窗口输入如下代码：

Private Sub vbCalc_Click()

Text1. Text=" "

For i=1 To 100 Step 2

Text1. Text=Text1. Text&Arr(i)&Space(5)

temp=temp+Arr(i)

Next i

Print temp

End Sub

Private Sub vbRead_Click()

ReadData

End Sub

Private Sub vbSave_Click()

WriteData"out45. txt", temp

End Sub

5.按要求保存文件即完成本题。

第2套　上机考试试题答案与解析

一、基本操作题

(1)

①新建一个名为 Form1 的窗体；

②单击工具箱中的 HScrollBar 控件图标,在窗体上拖拉出一个水平滚动条,在属性窗口设置该水平滚动条名称为 HS1, Max 为 200,Min 为 100,LargeChange 为 10；

③单击工具箱中的 Label 控件图标,在窗体上拖拉出两个标签,在其属性窗口设置名称分别为 Lab1 和 Lab2,Caption 属性分别为 100 和 200；

④按要求保存文件即完成本题。

(2)

①新建一个名为 Form1 的窗体；

②单击工具箱中的 CommandButton 控件图标,在窗体上拖拉出一个命令按钮,在属性窗口设置该命令按钮名称为 Cmd1,Caption 属性为 Display,Visible 属性为 False；

③打开代码窗口输入如下代码：

```
Private Sub Cmd1_Click()
Print "VisualBasic" '在窗体显示 VisualBasic
End Sub
Cmd1.Visible＝True '使命令按钮可见
End Sub
```

④按要求保存文件即完成本题。

二、简单应用题

(1)

①打开题目所给工程文件；

②将注释语句改为：

```
Form1.MousePointer＝0
Select Case Index,
```

③按要求保存文件即完成本题。

(2)

①打开题目所给工程文件；

②将注释语句改为：

```
Start＝LBound(a)
Finish＝UBound(a)
For i＝4 To 2 Step －1
For j＝1 To 3
If a(j)＜a(j+1)
```

③按要求保存文件即完成本题。

三、综合应用题

1.打开题目所给工程文件；

2.将注释语句改为：

```
Rec Num＝RecNum＋1
Put＃1,RecNum,Pers
Loop While UCase(asp)＝"Y"
Rec Num＝LOF(1)/Len(Pers)
```

Get♯1,i,Pers

3.按要求保存文件即完成本题。

 第3套　上机考试试题答案与解析

一、基本操作题

(1)

①新建一个名为 Form1 的窗体；

②单击工具箱中的 CommandButton 控件图标,在窗体上拖拉出一个命令按钮,在属性窗口设置该命令按钮名称为 Cmd1,标题为 Show；

③打开代码窗口中输入如下代码：

```
Private Sub Cmd1_Click()
Form1. Print "Show"
End Sub
Private Sub Form_Click()
End Sub
```

④按要求保存文件即完成本题。

(2)

①新建一个名为 Form1 的窗体；

②单击工具箱中的 ListBox 控件图标,在窗体上拖拉出一个列表框。使用 AddItem 或者 RemoveItem 方法可以添加或者删除 ListBox 控件中的项目；

③打开代码窗口输入如下代码：

```
Private Sub Form_Load()
List1. AddItem "Item"
End Sub
Private Sub List1_Click()
List1. Text
End Sub
```

④按要求保存文件即完成本题。

二、简单应用题

(1)

①打开题目所给工程文件；

②单击工具箱中的 TextBox 控件图标,在窗体上拖拉出一个文本框,在属性窗口设置该文本框名称为 Text1；

③单击工具箱中的 CommandButton 控件图标,在窗体上拖拉出一个命令按钮,在属性窗口设置该命令按钮名称为 Cmd1,Caption 属性为"大小写转换"；

④将注释语句改为：

$n\% = Asc("a") - Asc("A")$

Text1. Text=a$

⑤按要求保存文件即完成本题。

(2)

①打开题目所给工程文件；

②将注释语句改为：

n=Val(Opt1(k). Caption)

For k=1 To m

c=Mid$(Text1. Text,k,1)

a＝a＋c

③按要求保存文件即完成本题。

三、综合应用题

①新建一个名为 Form1 的窗体；

②单击工具箱中的 TextBox 控件图标,在窗体上拖拉出一个文本框,在属性窗口设置该文本框名称为 Text1,将 Multi-Line 属性设置为 True,ScrollBars 属性设置为2;

③单击工具箱中的 CommandButton 控件图标,在窗体上拖拉出两个命令按钮,在属性窗口设置该命令按钮名称分别为 Cmd1 和 Cmd2,Caption 分别为 Read 和 Save;

④打开代码窗口输入如下代码：

```
Private Sub Cmd1_Click()
Open App. Path & "\in. txt" For Input
As #1
Text1. Text=" "
For i=1 To 100
Input #1,a(i)
Text1. Text=Text1. Text & a(i) & Space(1)
Next i
Close #1
End Sub
Private Sub Cmd2_Click()
Text1. Text=""
s=0
For i=1 To 100
If a(i) Mod2<>0 Then
Text1. Text=Text1. Text & a(i) & Space(1)
s=s+a(i)
End If
Next
Put datas
End Sub
```

⑤按要求保存文件即完成本题。

 第4套　上机考试试题答案与解析

一、基本操作题

(1)

①新建一个名为 Form1 的窗体；

②单击工具箱中的 CommandButton 控件图标,在窗体上拖拉出一个命令按钮,在属性窗口设置该命令按钮名称为 Cmd1,标题为"显示"；

③打开代码窗口输入如下代码：

```
Private Sub Cmd1_Click()
Print "计算机等级考试 VisualBasic 课程"
End Sub
```

④按要求保存文件即完成本题。

(2)

①新建一个名为 Form1 的窗体；

②单击工具箱中的 HScrollBar 控件图标，在窗体上拖拉出一个水平滚动条，在属性窗口设置该水平滚动条名称为 HS1，Max 为 200，Min 为 0；滚动条的属性用来标识滚动条的状态，本题中用到的属性有 Max（滚动条所能表示的最大值，取值范围为－32768～32768），Min（滚动条所能表示的最小值，取值范围与 Max 相同），Value（该属性表示滚动框在滚动条上的当前位置）；

③打开代码窗口输入如下代码：

```
Private Sub HS1_Change()
Cls
Form1. Print HS1
End Sub
```

④按要求保存文件即完成本题。

二、简单应用题

（1）

①打开题目所给工程文件；

②打开代码窗口输入下代码：

```
Private Sub Cmd1_Click()
If  Opt1. Value＝True  Then
Text1. Font＝"宋体"
Else
Text1. Font＝"隶书"
End If
If  Chk1. Value＝1  Then
Text1. FontUnderline＝Ture
Else
Text1. FontUnderline＝False
End If
If Chk2. Value＝1 Then
Text1. FontItalic＝True
Else
Text1. FontItalic＝False
End If
End Sub
```

③按要求保存文件即完成本题。

（2）

①打开题目所给工程文件；

②将注释语句改为：

```
If Chk1. Value＝1 And
Chk2. Value＝0 And Opt1. Value Then
Lab1. Caption＝"今年只放寒假"
If Chk1. Value＝1 And
Chk2. Value＝0 And Opt2. Value Then
Lab1. Caption＝"今年不放寒假"，
```

③按要求保存文件即完成本题。

三、综合应用题

①打开题目所给工程文件；

②将注释语句改为：

Close #1

n＝Len(Text1. Text)

If Left(a(k),n)＝Text1. Text Then

c＝c＋" "＋a(k)

Text2. Text＝c

③按要求保存文件即完成本题。

第5套　上机考试试题答案与解析

一、基本操作题

(1)

①新建一个名为 Form1 的窗体；

②单击工具箱中的 Label 控件图标，在窗体上拖拉出一个标签，在其属性窗口设置名称为 Lab1，Caption 属性为"请输入一个摄氏温度："；

③单击工具箱中的 Command Button 控件图标，在窗体上拖拉出一个命令按钮，在属性窗口设置该命令按钮名称为 Cmd1，Caption 属性为"华氏温度等于"；

④单击工具箱中的 TextBox 控件图标，在窗体上拖拉出两个文本框，在属性窗口将文本框的名称设置为 Text1 和 Text2，Text 属性设置为空；

⑤打开代码窗口输入如下代码：

```
Private Sub Cmd1_Click()
Dim c As Single, f As Single
c＝Val(Text1. Text)
f＝c * 9/5＋32
Text2. Text＝CStr(f)
End Sub
```

⑥按要求保存文件即完成本题。

(2)

①新建一个名为 Form1 的窗体；

②单击工具箱中的 Label 控件图标，在窗体上拖拉出两个标签，在其属性窗口设置名称分别为 Lab1 和 Lab2，Caption 属性分别为"请输入一个正整数 N："和"1＋2＋3＋…＋N＝"；

③单击工具箱中的 CommandButton 控件图标，在窗体上拖拉出一个命令按钮，在属性窗口设置该命令按钮名称为 Cmd1，Caption 属性为"计算"；

④单击工具箱中的 TextBox 控件图标，在窗体上拖拉出两个文本框，在属性窗口将文本框的名称设置为 Text1 和 Text2，Text 属性设置为空；

⑤打开代码窗口输入如下代码：

```
Private Sub Cmd1_Click()
Dim N As Single, I As Single, S As Single
N＝Val(Text1. Text)
For i＝1 To N
S＝S＋i
Next i
Text2. Text＝S
End Sub
```

⑦按要求保存文件即完成本题。

二、简单应用题

(1)

①打开题目所给工程文件；

②将注释语句改为：

arrN(i)＝Int(Rnd * 1000)

Min＝arrN(1)

Sum＝arrN(i)＋Sum

③按要求保存文件即完成本题。

(2)

①打开题目所给工程文件；

②将注释语句改为：

arr2(i)＝CInt(arr1(i))

Form1. Caption＝temp

③按要求保存文件即完成本题。

三、综合应用题

1. 新建一个名为 Form1 的窗体，设置 Caption 属性为"售货机"。

2. 单击工具箱中的 Label 控件图标，在窗体上拖拉出两个标签，在其属性窗口设置名称分别为 Lab1 和 Lab2，Caption 属性分别为"货物的数量(个)："和"货物的单价(元)："；

3. 单击工具箱中的 TextBox 控件图标，在窗体上拖拉出两个文本框，按照题目要求在属性窗口设置其名称属性分别为 Text1 和 Text2，Text 属性为空白；

4. 单击工具箱中的 CommandButton 控件图标，在窗体上拖拉出一个命令按钮，在属性窗口设置该命令按钮名称为 Cmd1，Caption 为"总价＝"；

5. 单击工具箱中的 PictureBox 控件图标，在窗体上拖拉出一个图片框，在属性窗口设置该图片框名称为 Pic1；

6. 打开代码窗口输入如下代码：

```
Private Sub Cmd1_Click()
Dim a As Integer
Dim b As Currency
a＝Val(Text1. Text)
b＝Val(Text2. Text)
Pic1. Cls
Pic1. Print a * b
End Sub
```

7. 按要求保存文件即完成本题。

 第6套 上机考试试题答案与解析

一、基本操作题

(1)计时器控件的 Interval 属性，表示两个计时器事件之间的时间间隔，其值以毫秒(0.001 秒)为单位，题目要求每 3 秒产生一个计时器事件，那么 Interval 属性应该设置为 3000。窗体的标题由窗体的 Caption 属性设置。

根据题意，新建"标准 EXE"工程，将一个计时控件添加到窗体中，然后将其 Interval 属性设置为 3000(单位是毫秒)，单击 ▶ 按钮运行程序，并按要求保存。

(2)根据题意，新建"标准 EXE"工程，将一个文本框控件添加到窗体中，其名称为 Text1、Text 属性为空，双击 Text1 进入代码编写窗口，当 Text1 变换时调用 Text1_Change 函数，代码如下：

```
Private Sub Text1_Change()
   Print Text1. Text
```

End Sub

单击 ▶ 按钮运行程序,并按要求保存。

二、简单应用题

(1)单选按钮的标题由 Caption 属性设置,判断单选按钮的状态通过 Value 属性来实现。如果单选按钮被选中,则 Value 值为 1;没选中,Value 值为 0。

根据题意,将 3 个单选按钮控件、一个命令按钮和一个标签添加到窗体中,单选按钮的名称分别为 Option1、Option2 和 Option3,Caption 属性分别为"汉语"、"英语"和"德语",命令按钮的名称为 Command1,Caption 属性为"输出",标签的名称为 Label1,Caption 属性为空。双击 Command1 进入代码编写窗口,利用 If…else 语句进行判断,补充后的具体代码如下:

```
Private Sub Command1_Click()
    If Option1.Value=True Then
        Label1.Caption="我的母语是"+Option1.Caption
    Else
        If Option2.Value=True Then
            Label1.Caption="我的母语是"+Option2.Caption
        Else
            Label1.Caption="我的母语是"+Option3.Caption
        End If
    End If
End Sub
```

单击 ▶ 按钮运行程序,并按要求保存。

(2)控件的名称由 Name 属性设置,向组合框添加项目有两种方法,可以在"属性"窗口的 List 属性里直接添加,也可以在代码中添加。本题要求在设计时添加。

根据题意,将两个 ComboBox 控件和 3 个标签添加到窗体中,ComboBox 的名称属性分别为 Combo1 和 Combo2,分别在 List 属性中添加"下画线"、"黑体"、"斜体"和"华文行楷"、"宋体"、"隶书",并将 Style 属性都设为 3,标签的名称分别为 Label1、Label2 和 Label3,Caption 属性分别为"字型"、"字体"和"模拟考试"。双击窗体进入代码编写窗口,单击 ComboBox 调用 Click 函数,具体代码如下:

```
Private Sub Combo1_Click()                    'Combo1 的单击事件
    If Combo1.ListIndex=0 Then
        Label3.Font.Underline=True            '下画线为真
        Label3.Font.Bold=False                '黑体为假
        Label3.Font.Italic=False              '斜体为假
    Else
        If Combo1.ListIndex=1 Then
            Label3.Font.Bold=True
            Label3.Font.Italic=False
            Label3.Font.Underline=False
        Else
            Label3.Font.Italic=True
            Label3.Font.Bold=False
            Label3.Font.Underline=False
        End If
    End If
End Sub

Private Sub Combo2_Click()                    'Combo2 的单击事件
```

Label3. Font. Name＝Combo2. List(Combo2. ListIndex)　'将选中的项赋给 Label3 的字体属性

End Sub

单击 ▶ 按钮运行程序,并按要求保存。

三、综合应用题

判断一个数是否为素数就是看该数是否除了 1 及其本身外别无其他约数(即从 2 到 n−1 之间没有可以将其整除的数)即可,从 Function 函数中可知,变量 is Prime Num 是用于保留判断数是否是素数的结果的,值为 True 表示是素数,值为 False 表示不是素数。文本框通过 Text 属性显示计算结果,其形式为:文本框名.Text＝要显示的内容。将数据写入文件可用命令 Write♯ 语句或 Print♯ 语句,本程序中用的是前者,其形式为:Write♯文件号,[输出列表]。

根据题意,将一个文本框控件和 3 个命令按钮添加到窗体中,文本框的名称为 Text1,Text 属性为空,命令按钮的名称分别为 Command1、Command2 和 Command3,Caption 属性分别为"输入"、"计算显示"和"保存"。双击 Command1 进入代码窗口,编写如下代码:

```
Dim a As Integer
Dim res As Integer
Private Sub Command1_Click()
    a＝Val(InputBox("输入参数:"))               '弹出输入对话框
End Sub


Private Sub Command2_Click()
    While is Prime Num(a)＝False                '如果输入参数不是素数则继续循环
        a＝a+1
    Wend
    Text1. Text＝a                              '将获得的素数在 Text1 中显示出来
End Sub
Function is Prime Num(num As Integer) As Boolean   '判断输入是否为素数
    is Prime Num＝True
    Dim i As Integer
    For i＝2 To num−1
        If num Mod i＝0 Then
            is Prime Num＝False
        End If
    Next i
End Function


Private Sub Command3_Click()
    Open "out5. txt" For Output As ♯1
    Write ♯1, a
    Close ♯1
End Sub
```

单击 ▶ 按钮运行程序,并按要求保存。

第7套　上机考试试题答案与解析

一、基本操作题

(1)通用对话框(Common Dialog)提供诸如打开文件、保存文件、设置打印选项、选择颜色、设置字体、显示帮助等操作的一组标准对话框,通用对话框显示这些对话框对应的方法分别为 ShowOpen、ShowSave、ShowPrinter、ShowColor、ShowFont、

ShowHelp。该控件运行时不可见。通用对话框的 Action 属性也可用于设置被打开对话框的类型。

根据题意，新建"标准 EXE"工程，将一个命令按钮和一个文件对话框控件添加到窗体中，Common Dialog 控件需要选择"工程"→"部件"命令，或在左侧工箱中单击鼠标右键，选择"部件"菜单，打开"部件"对话框，将 Microsoft Common Dialog Control 6.0 前面的复选按钮勾上，单击"确定"按钮，则添加成功，再同其他控件一样添加到窗体上，其名称为 Common Dialog1。命令按钮的名称为 Command1，Caption 属性为"打开文件"。双击 Command1 进入代码窗口，编写如下代码：

```
Private Sub Command1_Click()
    Common Dialog1. ShowOpen              '打开 Common Dialog
End Sub
```

单击 ▶ 按钮运行程序，并按要求保存。

(2)MsgBox()函数用于显示提示信息，并可返回一个代表用户点击了哪个按钮的 Integer 类型值，其常用语法为：MsgBox(prompt[，buttons][，title])。其中，prompt 参数为消息框的提示信息；buttons 参数用于控制消息框中按钮的数目、形式及消息框图标的样式；title 参数为消息框标题栏上显示的内容。

根据题意，新建"标准 EXE"工程，将一个 List 控件添加到窗体中，其名称为 List1，List 属性中添加"Item1"、"Item2"、"Item3"和"Item4"。双击 List1 进入代码编写窗口补充后的代码如下：

```
Private Sub List1_DblClick()
    Dim a As Integer
    a＝MsgBox("是否删除"，vbYesNo)          '弹出提示对话框
    If a＝6 Then                          '6 表示选择"是"
        List1. Remove Item List1. ListIndex  '删除选中项
    End If
End Sub
```

单击 ▶ 按钮运行程序，并按要求保存。

二、简单应用题

(1)本题主要考查考生对 For 循环、文本框内容的显示和 InputBox()函数的理解。

InputBox()函数用于显示一个输入框，提示用户输入一个数据，该函数返回值默认为字符串类型，其常用语法格式为：InputBox(Prompt[，Title][，Default])。其中，Prompt 字符串为输入框上显示的提示文本；Title 字符串在输入框的标题栏上显示；Default 字符串为输入框的默认文本。

根据题意，将一个文本框控件和两个命令按钮添加到窗体中，文本框的名称为 Text1，Text 属性为空，命令按钮的名称分别为 Command1 和 Command2 的 Caption 属性分别为"大写 A"和"小写 a"。双击 Command1 进入代码窗口，补充后的代码如下：

```
Private Sub Command1_Click()
    Dim a As Integer
    Dim str As String
    Dim i As Integer
    a＝Val(InputBox("输入个数"))           '读取输入的个数
    str＝""
    For i＝1 To a
        str＝str＋"A"                      '循环写入大写字母"A"
    Next i
    Text1. Text＝str                       '在 Text1 中显示结果
End Sub

Private Sub Command2_Click()
    Dim a As Integer
    Dim str As String
```

```
Dim i As Integer
a＝Val(InputBox("输入个数"))                    '读取输入的个数
str＝""
For i＝1 To a
    str＝str＋"a"                              '循环写入大写字母"a"
Next i
Text1.Text＝str                               '在 Text1 中显示结果
End Sub
```

单击 ▶ 按钮运行程序,并按要求保存。

(2)滚动条常用于取代数据的键盘输入,通过调整滚动条滑块的位置,即可改变其 Value 属性的值。滚动条的 Max 属性、Min 属性限定了滚动条所能表示的最大值和最小值,即 Value 属性值的取值范围,在程序中改变 Value 属性的值,滚动条滑块会随之移动到相应位置。

根据题意,将一个水平滚动条控件和 3 个命令按钮添加到窗体中,水平滚动条的名称为 HScroll1、Min 属性为 400、Max 属性为 2000,命令按钮的名称分别为 Command1、Command2 和 Command3,Caption 属性分别为"减 200"、"显示"和"加 200"。双击 Command1 进入代码窗口,编写如下代码:

```
Private Sub Command1_Click()
    If HScroll1.Value－200＜HScroll1.Min Then    '如果移动后小于最小值
        HScroll1.Value＝HScroll1.Min            '则 HScroll1 的值为最小值
    Else                                        '否则
        HScroll1.Value＝HScroll1.Value－200      'HScroll1 的值减 200
    End If
End Sub


Private Sub Command2_Click()
    Cls                                         '先清空窗体
    Print HScroll1.Value                        '在窗口上显示 HScroll1 的当前值
End Sub


Private Sub Command3_Click()
    If HScroll1.Value＋200＞HScroll1.Max Then    '如果移动后大于最大值
        HScroll1.Value＝HScroll1.Max            '则 HScroll1 的值为最大值
    Else                                        '否则
        HScroll1.Value＝HScroll1.Value＋200      'HScroll1 的值加 200
    End If
End Sub
```

单击 ▶ 按钮运行程序,并按要求保存。

三、综合应用题

单选按钮组常用于提供唯一选择,Value 属性值决定每个单选按钮的选中状态:False 表示未选、True 表示选中,Caption 属性用于设置或返回单选按钮的标题。

Chr 函数返回 String,其中包含有与指定的字符代码相关的字符。其语法格式为:Chr(charcode) 。charcode 必要参数,是一个用来识别某字符的 Long 型数。Mid＄(字符串,起始位置[,个数])函数用于从字符串指定位置开始的含指定个数字符的字符串;String(个数,字符)函数用于返回含指定个数字符的字符串;Asc(字符串)函数用于返回字符串首字符的 Ascii 码值。

根据题意,将一个文本框控件、两个单选按钮控件和两个命令按钮添加到窗体中,文本框的名称为 Text1、Text 属性为空,单选按钮的名称分别为 Option1 和 Option2,Caption 属性分别为"3"和"5",命令按钮的名称为 Command1 和 Command2,

Caption 属性分别为"读取"和"加密"。双击 Command1 进入代码窗口,编写如下代码:

```
Private Sub Command1_Click()
    Dim str As String
    Dim temp As String
    Dim num As Integer
    str=""
    Open ".\in5.txt" For Input As #1          '打开文件准备读取
    While EOF(1)=False                        '判断是否读到文件尾
        Input #1, temp                        '读取文件
        str=str+temp                          '将读取的文本连接起来放入 str 中
    Wend
    Close #1                                   '关闭文件
    Text1.Text=str                            '在 Text1 中显示 str
End Sub


Private Sub Command2_Click()
    Dim str As String
    Dim temp As String
    Dim i As Integer
    Dim ind As Integer
    If Option1.Value=True Then
        ind=3                                 '当选中 Option1 时,则移 3 位
    Else If Option2.Value=True Then
        ind=5                                 '当选中 Option2 时,则移 5 位
    End If
    str=" "
    For i=1 To Len(Text1.Text)
        temp=Mid(Text1.Text, i, 1)            '一个一个读入字符(Mid 函数)
        If Asc(temp)<=Asc("z") And Asc(temp)>=Asc("A") Then
            If Asc(temp)<=Asc("z") And Asc(temp)>=Asc("a") Then
                temp=Chr((Asc(temp)-ind-Asc("a")+26) Mod 26+Asc("a"))
            Else                              '当输入为大写字母时
                temp=Chr((Asc(temp)-ind-Asc("A")+26) Mod 26+Asc("A"))
            End If
        End If
        str=str+temp                          '将字符串连起来
    Next i
    Text1.Text=str                            '在 Text1 中将加密后的字符串显示出来
End Sub
```

单击 ▶ 按钮运行程序,并按要求保存。

 第 8 套　上机考试试题答案与解析

一、基本操作题

(1)根据题意,新建"标准 EXE"工程,将一个文本框控件和一个命令按钮添加到窗体中,将文本框的名称设为 Text1,将

< 154 >

命令按钮的名称设为 Command1,Caption 属性为显示。双击 Command1,进入代码编写窗口,编写如下代码:

```
Private Sub Command1_Click()            '单击按钮"显示"调用的函数
    Print Text1. Text
End Sub
```

单击 ▶ 按钮运行程序,并按要求保存。

(2)本题考查按钮的摆放位置的设置,涉及对象的 Left 和 Top 属性。命令按钮的标题通过 Caption 属性来设置,单击命令按钮触发 Click 事件。Left 表示控件与所在窗体的左边之间的距离,Top 表示控件与所在窗体的顶边之间的距离。让两个按钮位置重合只需将两个按钮的 Left 和 Top 设置相同即可。

根据题意,新建"标准 EXE"工程,并排放入两个命令按钮,名称分别为 Command1 和 Command2、Caption 属性分别为"按钮 A"和"按钮 B",要求按下按钮 A 后,按钮 B 的位置发生变化,双击 Command1,进入代码编辑区,输入以下代码:

```
Private Sub Command1_Click()            '按钮 A 的事件函数
    Command2. Left=Command1. Left        '改变按钮 B 的位置
    Command2. Top=Command1. Top
End Sub
```

单击 ▶ 按钮运行程序,并按要求保存。

二、简单应用题

(1)看一个数是否为奇数,只要判断此数是否能被2整除,若不能整除,则是奇数,否则不是奇数。如 N Mod 2=0 则说明余数为0,N 能被2整除,否则 N 不能被2整除。

根据题意将一个命令按钮和3个文本框控件添加到窗体中,命令按钮的名称属性为 Command1、Caption 属性为"求和",3个文本框的名称分别为 Text1、Text2 和 Text3,然后双击 Command1 进入代码窗口,补充后的具体代码如下:

```
Private Sub Command1_Click()
    Dim total As Long
    Dim min As Integer
    Dim max As Integer
    Dim a As Integer
    min=Text1. Text                     'Text1 输入的整数
    max=Text2. Text                     'Text2 输入的整数
    total=0
    For a=min+1 To max-1                '循环操作
        If a Mod 2=1 Then               '判断是否为奇数
            total=total+a               '进行相加操作
        End If
    Next a
    Text3. Text=total                   '将得到的数输出到文本框3
End Sub
```

单击 ▶ 按钮运行程序,并按要求保存。

(2)根据题意,将一个命令按钮和一个文本框控件添加到窗体中,命令按钮的名称 Command1、Caption 属性为"计算",文本框的名称为 Text1,本题是为了求 50~200 之间能被5整除的数的和,显示到文本框中并保存到 out. txt 中。在"工程"窗口中单击鼠标右键,在弹出的快捷菜单中选择"添加"→"添加模块",然后在弹出对话框的"现存"选项卡中选择"mode. bas",单击"确定"按钮即添加成功。模块 mode. bas 中的代码如下:

```
Function writeData(total As Long)       '将数据保存到 out. txt 中
    Open "out. txt" For Output As #1     '打开文件
    Write #1, total                     '进行写入
    Close #1
End Function
```

双击 Command1 进入代码窗口,补充后的代码如下:

```
Private Sub Command1_Click()
    Dim total As Long
    Dim n As Integer
    total=0
    For n=50 To 200                        '循环操作
        If n Mod 5=0 Then                  '判断是否能被5整除
            total=total+n                  '进行相加操作
        End If
    Next n
    Text1. Text=total                      '在Text1中显示出来
    writeData (total)                      '写入out. txt文件中
End Sub
```

单击 ▶ 按钮运行程序,并按要求保存。

三、综合应用题

在本题中涉及文件的操作,用 Write # 或 Input # 语句读取数据,对文件操作完后一定要关闭文件。

根据题意,将一个文本框控件和两个命令按钮添加到窗体中,根据题意的要求设置属性,即文本框的名称为 Text1、MultiLine 属性为 True、ScrollBar 属性为 2,两个命令按钮的控件的 Caption 属性分别为读取和排列保存,名称为 Command1 和 Command2。在"工程"窗口中单击鼠标右键,在弹出的快捷菜单中选择"添加"→"添加模块",然后在弹出对话框的"现存"选项卡中选择"mode5. bas",单击"确定"按钮即添加成功。模块的代码如下:

```
Function writeData(total As Long)
    Open "result. txt" For Append As #1
    Write #1, total
    Close #1
End Function
```

分析程序可知,程序在读取的同时就进行了排序,一旦读取的数比当前数大,则将两数位置交换,继续比较后面的数。

补充后的具体代码如下:

```
Dim str(50) As String                      '全局变量
Dim a(50) As Long                          '全局变量


Private Sub Command1_Click()
    Text1. Text=""
    Open "in. txt" For Input As #1
    Dim i As Integer
    For i=0 To 49
        Input #1, a(i)
    Next i
    For i=0 To 49
        str(i)=a(i)
    Text1. Text=Text1. Text+str(i)+vbCrLf
    Next i
    Close #1
End Sub


Private Sub Command2_Click()
```

```
Dim i As Integer
Dim j As Integer
Dim temp As Integer
Dim k As Integer
Text1.Text=""
For i=0 To 49
    temp=a(i)
    For j=0 To i
        If a(j)<temp Then
            For k=i To j+1 Step -1
                a(k)=a(k-1)
            Next k
            a(j)=temp
            Exit For
        End If
    Next j
Next i
For i=0 To 49
    str(i)=a(i)
    Text1.Text=Text1.Text+str(i)+vbCrLf
    writeData (str(i))
Next i
End Sub
```

单击 ▶ 按钮运行程序,并按要求保存。

 第9套　上机考试试题答案与解析

一、基本操作题

(1)本题主要考查在窗体中添加控件数组及设置复选按钮控件(CheckBox)的 Value 属性。

控件数组是一组具有共同名称和类型的控件,它们拥有共同的事件,数组中的每个控件都有唯一的索引号(Index),即下标。添加控件数组的方法是:先通过工具箱建立第一个控件,然后对该控件进行"复制"、"粘贴"操作,粘贴时在弹出的对话框中选择建立控件数组,这时控件数组的 Index 值会自动从 0 开始编号。复选按钮组可用于提供多重选择,每个复选按钮的选中状态由其 Value 属性值决定:0—UnChecked 为未选;1—Checked 为选中;2—Grayed 为禁用(即灰色)。

根据题意,新建"标准 EXE"工程,将一个复选按钮控件添加到窗体中,再选中、复制、粘贴,在弹出的对话框中单击"是",即创建一个控件数组,设置其 Index 属性分别为 0、1、2、3,Caption 属性分别为 Item1、Item2、Item3 和 Item4,Item1 和 Item4 的值为 1,Item2 和 Item3 的属性为 0,单击 ▶ 按钮运行程序,并按要求保存。

(2)本题主要考查滚动条(HScrollBar)控件的画法、属性设置及简单事件的编写。

滚动条多用于取代数据的键盘输入,通过调整滚动条滑块的位置,即可改变其 Value 属性的值。滚动条的 Max 属性、Min 属性限定了滚动条所能表示的最大值和最小值,即 Value 属性值的取值范围,在程序中改变 Value 属性的值,滚动条滑块会随之移动到相应位置。

根据题意,新建"标准 EXE"工程,将一个垂直滚动条控件和一个命令按钮添加到窗体中,垂直滚动条的名称为 VScroll1,Min 属性为 1,Max 属性为 200,命令按钮的名称为 Command1,Caption 属性为"向下移动"。双击命令按钮进入代码窗口,编写如下代码:

```
Private Sub Command1_Click()
    VScroll1.Value=VScroll1.Value+20        '每按一次按键,则 VScroll 的数值加 20
```

End Sub

单击 ▶ 按钮运行程序,并按要求保存。

二、简单应用题

(1)命令按钮的 Enabled 属性用于设置其是否有效,值为 True 表示有效,值为 False 表示无效;判断一个数是否为奇数可以用 Mod 运算符来实现。如对于一个数 n,若 n Mod 2=0,则此数不是奇数,否则就是奇数。

根据题意,将 4 个命令按钮、一个文本框控件和一个标签添加到窗体中,命令按钮的名称分别为 Command1、Command2、Command3 和 Command4,Caption 属性分别为"输入 n"、"计算显示"、"清空"和"关闭",文本框的名称为 Text1,标签的 Caption 属性为"求 n 以内(包括 n)所有奇数的和"。双击 Command1 进入代码窗口,编写如下代码:

```vb
Dim n As Integer
Dim total As Long
Private Sub Command1_Click()
    n＝Val(InputBox("请输入 n:"))      '在输入对话框中输入 n
    Command2.Enabled＝True            '"计算显示"可用
End Sub


Private Sub Command2_Click()
  Dim i As Integer
  Dim temp As Integer
  total＝0
  If n Mod 2＝0 Then                  '判断是否为奇数
    temp＝n－1                        '如果是偶数则减 1
  Else
    temp＝n                          '如果是奇数则是其本身
  End If
  For i＝1 To n Step 2                '步长为 2
    total＝total＋i                   '进行求和
  Next i
  Text1.Text＝total                  '在 Text1 中显示结果
  Command3.Enabled＝True             '"清空"可用
  Command2.Enabled＝False            '"计算显示"不可用
End Sub


Private Sub Command3_Click()
  Text1.Text＝""                     '清空 Text1 中显示的数据
  Command3.Enabled＝False            '"清空"不可用
End Sub


Private Sub Command4_Click()
  Unload Me                         '关闭窗口
End Sub


Private Sub Form_Load()
  Command2.Enabled＝False            '"计算显示"不可用
  Command3.Enabled＝False            '"清空"不可用
End Sub
```

单击 ▶ 按钮运行程序,并按要求保存。

(2)打开顺序文件的基本格式为:Open FileName For Mode As #FileNumber。FileName 表示要打开的文件的路径;Mode 为打开模式,OutPut 用于输出、Append 用于追加写入、Input 用于读取;FileNumber 为打开文件时指定的句柄。Input #语句用于读取打开的顺序文件中一项(或多项)内容给一个变量(或多个变量),Line Input #语句常用于按行读取。Close #语句用于关闭打开的文件。

根据题意,将一个文本框控件、一个标签和两个命令按钮添加到窗体中,文本框的名称为 Text1,标签的名称为 Label1、Caption 属性为空,命令按钮的名称为分别为 Command1 和 Command2、Caption 属性分别为"读取文本"和"统计字数"。双击 Command1 进入代码窗口,编写如下代码:

```
Dim rel As String
Private Sub Command1_Click()
    Dim str As String
    str=""
    Text1. Text=""                              '初始化 Text1 的文本
    Open ".\sjin. txt" For Input As #1          '打开文件,进行读取
    While EOF(1)=False                          '判断文件是否读取完
        Input #1, str                           '读取文本
        Text1. Text=Text1. Text+str             '在 Text1 中显示文本
    Wend
    Close #1
End Sub


Private Sub Command2_Click()
    Label1. Caption="字数为"+CStr(Len(Text1. Text))  '在 Label 中显示字数
End Sub
```

单击 ▶ 按钮运行程序,并按要求保存。

三、综合应用题

本题重点考查列表框控件的使用及命令按钮的事件和属性设置。

列表框控件用于提供可进行单一或多个选择的列表项,给列表框添加列表项既可以在设计阶段通过其 List 属性设置加入,也可在程序运行时通过代码"列表框名. AddItem"项目""加入,清除列表框内容可通过其 Clear 方法来实现;文本框的 Text 属性用于设置或返回其上显示的文本;Enabled 属性用于设置命令按钮是否有效,单击命令按钮将触发其 Click 事件。

根据题意,将一个 List 控件、一个命令按钮和一个文本框控件添加到窗体中,列表框的名称为 List1,命令按钮的名称为 Command1、Caption 属性为"添加",文本框的名称为 Text1、Text 属性为空。双击 Command1 进入代码窗口,编写如下代码:

```
Private Sub Command1_Click()
    List1. AddItem Text1. Text                  '单击添加按键,将 Text1 中的字符写入 List 中
End Sub


Private Sub Text1_Change()
    If Text1. Text="" Then
        Command1. Enabled=False                 '如果 Text1 中没有字符,则 Command1 不可用
    Else
        Command1. Enabled=True                  '如果 Text1 中有字符,则 Command1 可用
    End If
End Sub


Private Sub Text1_DblClick()
```

```
    Text1. Text=""                              '双击 Text1,清空 Text1
    Command1. Enabled=False 'Command 不可用
End Sub
```

单击 ▶ 按钮运行程序,并按要求保存。

 第10套   上机考试试题答案与解析

一、基本操作题

(1)文本框的文本内容由 Text 属性设置。题目要求在 Text1 中输入任何字符时,立即在 Text2 中显示,这就触发了文本框的 Change 事件。

根据题意,新建"标准 EXE"工程,将两个文本框控件添加到窗体中,名称分别为 Text1 和 Text2,Caption 属性都为空。双击 Text1 进入代码编写窗口,补充后的代码如下:

```
Private Sub Text1_Change()
    Text2. Text=Text1. Text
End Sub
```

单击 ▶ 按钮运行程序,并按要求保存。

(2)本题考查控件位置的改变,控件的位置由控件的 Left 属性和 Top 属性决定,Left 属性表示控件与所在窗体的左边之间的距离,Top 属性表示控件与所在窗体的顶边之间的距离。

根据题意,新建"标准 EXE"工程,将一个 PictureBox 控件和一个命令按钮添加到窗体中,PictureBox 的名称为 Pic1,命令按钮的名称为 Command1、Caption 属性为"置顶"。双击 Command1 进入代码窗口,补充如下代码:

```
Private Sub Command1_Click()
    Pic1. Top=0
End Sub
```

单击 ▶ 按钮运行程序,并按要求保存。

二、简单应用题

(1)根据题意,将两个命令按钮和一个标签添加到窗体中,标签的 Caption 属性为"编写打印到目标文件的菱形。目标文件为 shape. dat",命令按钮的 Caption 属性分别设为"开始"和"关闭",名称分别为 Command1 和 Command2,双击 Command1。利用循环打印空格和字母"A"来画出菱形,进入代码窗口,补充后的代码如下:

```
Private Sub Command1_Click()
    Open "shape5. dat" For Output As #1         '打开文件,准备写入
    Dim n As Integer
    Dim i As Integer
    Dim str As String
    For n=0 To 4                                 '打印菱形上半部分
      str=""
      For i=0 To 4-n                             '打印空格
        str=str+" "
      Next i
      For i=0 To 2*n                             '打印字母"A"
        str=str+"A"
      Next i
      Print #1, str$
    Next n
    For n=5 To 8                                 '打印下半部分
      str=""
```

```
    For i=0 To n-4                          '打印空格
       str=str+" "
    Next i
    For i=0 To 2*(8-n)                      '打印字母"A"
       str=str+"A"
    Next i
    Print #1, str$
  Next n
  Close #1
  Command1.Enabled=False
  Command1.Caption="完成"
End Sub


Private Sub Command2_Click()
  Unload Me
End Sub
```

单击 ▶ 按钮运行程序,并按要求保存。

(2)根据题意,将一个列表框控件和一个命令按钮添加到窗体中,列表框的名称设为 List1,命令按钮的名称设为 Command1、Caption 属性为"读取字体大小"。双击 Command1 进入代码编写窗口,其中 Screen. Fonts 是读取系统字体的函数,然后利用循环添加到 List1 中,补充后的具体代码如下:

```
Private Sub Command1_Click()
  Dim i As Integer
  For i=0 To Screen. FontCount-1
    List1. AddItem Screen. Fonts(i)
  Next i
End Sub
```

单击 ▶ 按钮运行程序,并按要求保存。

三、综合应用题

根据题意,将一个标签和两个命令按钮添加到窗体中,标签的 Caption 属性为"编写函数 Minus(A,N),其功能是由数字 A(第一个数字)和 0 组成的不多于 N 位数的整数,并利用该函数求 8000-800-80-8 的结果,将结果写入考生文件夹下的 sj5. dat 文件中",两个命令按钮的名称分别设为 Command1 和 Command2,Caption 属性分别为"开始"和"关闭"。双击 Command1 进入代码编写窗口,编写 Minus 函数,代码如下:

```
Private Sub Command1_Click()
  Dim total As Long
  total=Minus(8, 4)
  Open "sj5. dat" For Output As #1          '打开文件准备写入
  Write #1, total                           '写入结果
  Close #1
End Sub
Private Function Minus(A As Integer, N As Integer) As Long
  Dim i As Integer
  Dim j As Integer
  Dim b As Long
  total=0
  If N>=1 Then
```

```
        For i＝N To 1 Step－1
          b＝1
          For j＝1 To i－1
            b＝b＊10
          Next j
          If i＝N Then
            Minus＝Minus＋A＊b              '第一个数是正数
          Else
            Minus＝Minus－A＊b              '其他的是负数，即相减
          End If
        Next i
      End If
      Command1. Enabled＝False
      Command1. Caption＝"完成"
    End Function


    Private Sub Command2_Click()
      Unload Me
    End Sub
```

单击 ▶ 按钮运行程序，并按要求保存。

 第 11 套　上机考试试题答案与解析

一、基本操作题

(1)本题主要考查图片框控件的画法和属性设置，以及简单的窗体事件的编写。根据题意，新建"标准 EXE"工程，在窗体上添加一个名称为 Picture1 的图片框，设计完成后，进入代码窗口编写如下代码：

```
Private Sub Form_Click()
    Picture1. CurrentX＝300              '图片框 X 方向坐标
    Picture1. CurrentY＝600              '图片框 Y 方向坐标
    Picture1. Print "Visual Basic"       '在图片框显示 Visual Basic
End Sub
```

单击 ▶ 按钮运行程序，并按要求保存。

(2)命令按钮的 Cancel 属性返回或设置一个值，用来指示窗体中命令按钮是否为取消按钮，它有两种取值：True 和 False。值为 True 时，命令按钮不是窗体的取消按钮，按 Esc 键与单击该命令按钮的作用相同；值为 False 时，命令按钮是窗体的取消按钮。

根据题意，新建"标准 EXE"工程，在窗体上添加一个文本框，其名称为"Text1"，一个命令按钮，其名称为 Command1，Caption 属性为"显示"，Cancel 属性为"True"，TabIndex 属性为 0。设置完成后双击 Command1 命令按钮，编写如下代码：

```
Private Sub Command1_Click()
    Text1. Text＝"Visual Basic 程序设计"
End Sub
```

单击 ▶ 按钮运行程序，并按要求保存。

二、简单应用题

(1)组合框(ComboBox)将文本框与列表框的特性组合在一起，既可在组合框的文本框部分输入信息，也可在列表框部分选择项目；组合框的列表项可以在设计阶段通过其 List 属性加入，加入时注意每输入完一项后，按＜Ctrl＋Enter＞组合键换行再输入下一项，也可以通过代码设置，AddItem 方法用来向组合框中添加一个表项，其格式为：组合框. Additem 列表项［索引］。

题目给出的源程序中已设计好窗体,只需在Combo1的List属性中添加"5"、"9"、"13"三个列表项,添加完成后,双击Command1进入代码窗口,补充后的代码如下:

```
Private Sub Command1_Click()
    If Combo1. Text=5 Then
        divide (5)
    Else If Combo1. Text=9 Then
        divide (9)
    Else
        divide (13)
    End If
End Sub
Private Sub divide( x As Integer)
    Dim i As Integer
    Dim temp As Long
    For i=1 To 4000
        If i Mod x=0 Then
            temp=temp+i
        End If
    Next i
    Text1. Text=temp
End Sub
```

单击 ▶ 按钮运行程序,并按要求保存。

(2)本题主要考查计时器控件和形状控件和用法。计时器的Interval属性用于设置每次触发计时器的Timer事件的时间间隔,单位为毫秒。Enabled属性控制计时器是否开始启用,True表示启用,False表示不启用。形状控件用来绘制各种形状,其值有6种,0表示矩形,1表示正方形,2表示椭圆,3表示圆形,4表示圆角矩形,5表示圆角正方形。

根据题意,将计时器的Interval属性设为1000,双击Command1命令按钮,进入代码窗口,源程序给出的代码如下:

```
Dim lenth As Integer, q As Integer
Const PI=3. 14159
Private Sub Form_Load()
    lenth=Line1. Y2-Line1. Y1
    q=90
End Sub


Private Sub Timer1_Timer()
    q=q-6
    Line1. Y1=Line1. Y2-lenth * Sin(q * PI / 180)
    Line1. X1=Line1. X2+lenth * Cos(q * PI / 180)
End Sub
```

补充后的命令按钮事件如下:

```
Private Sub Command1_Click()
    Timer1. Enabled=True
End Sub


Private Sub Command2_Click()
    Timer1=False
```

End Sub

单击 ▶ 按钮运行程序,并按要求保存。

三、综合应用题

根据题意,在窗体上添加一个文本框控件,其名称为 Text1,MultiLine 属性为 True,一个命令按钮,其名称为 Command1,标题为"保存"。设置完成后,双击 Command1 命令按钮进入代码窗口,编写如下代码:

```
Private Sub Form_Load()
    Open ".\in5. txt" For Input As #1
    Do While Not EOF(1)
        Input #1, mystring
        Text1. Text=Text1. Text+mystring
    Loop
    Close #1
    Text1. Text="全国计算机等级考试"+Text1. Text
End Sub


Private Sub Command1_Click()
    Open App. Path & "\out5. txt" For Output As #2
    Print #2, Text1. Text
    Close #2
End Sub
```

单击 ▶ 按钮运行程序,并按要求保存。

第12套　上机考试试题答案与解析

一、基本操作题

(1)根据题意,新建"标准 EXE"工程,在窗体上添加两个标签,名称分别为"Label1"和"Label2"、Caption 属性分别为"长"和"宽",两个文本框,名称分别为"Text1"和"Text2",Text 属性为空,一个命令按钮,名称为 Command1,Caption 属性为"输入"。设计完成后,双击 Command1 进入代码窗口,编写如下代码:

```
Option Explicit
Private Sub Command1_Click()
    Text1. Text=InputBox("请输入长")
    Text2. Text=InputBox("请输入宽")
End Sub
```

单击 ▶ 按钮运行程序,并按要求保存。

(2)根据题意,新建"标准 EXE"工程,在窗体上添加一个标签,其名称为"Label1",标题为"输入",一个文本框,其名称为 Text1,Text 属性为空,一个命令按钮,其名称为 Command1,标题为"显示"。窗体设计完成后,双击 Command1 命令按钮,编写如下代码:

```
Private Sub Command1_Click()
    Label1. Visible=False                    '隐藏 Label1
    Text1. Visible=False                     '隐藏 Text1
    Print Text1                              '将 Text1 上的内容显示在窗体上
End Sub
```

单击 ▶ 按钮运行程序,并按要求保存。

二、简单应用题

(1)Len()函数用于返回指定字符串的长度。使用 Mid 函数取出字符串中的字符。Mid 函数的格式为:Mid(字符串,p, n)。Mid 函数从第 p 个字符开始,向后截取 n 个字符,p 和 n 都是算术表达式。Mid 函数的第三个变量可以省略,这样将第 p 个字符开始先后截取到字符串的结尾。根据题意,双击 Command1 命令按钮进入代码窗口,补充后的代码如下:

```
Private Sub Command1_Click()
    Dim s1 As String, s2 As String
    Dim I1 As Integer
    s1＝Text1
    I1＝1
    Do
        Do While Mid(s1, I1, 1)<>"" And I1<=Len(s1)
        s2＝s2 & Mid(s1, I1, 1)
            I1＝I1＋1
        Loop
        List1. AddItem s2
        s2＝""
        I1＝I1＋1
    Loop While I1<=Len(s1)
End Sub
```

单击 ▶ 按钮运行程序,并按要求保存。

(2)该题用到两个函数和一个公式,Val() 是将其内容转变为数字类型的函数,Sqr() 是求数值的平方根函数,而求解三角形的面积的时候用到海伦公式即 $S＝Sqr(L*(L-a)*(L-b)*(L-c))$,其中 a、b、c 是三角形的三个边,$L＝(a+b+c)/2$。根据题意,双击 Command1 命令按钮进入代码窗口,补充后的代码如下:

```
Option Explicit
Dim a As Single
Dim b As Single
Dim c As Single
Dim S As Double
Dim L As Single


Private Sub Command1_Click()
a＝Val(Text5. Text)
b＝Val(Text6. Text)
c＝Val(Text7. Text)
If a<>0 And b<>0 And c<>0 And a+b>c And a+c>b And b+c>a Then
    Text1. Text＝"是三角形"
    If a^2+b^2=c^2 Or a^2+c^2=b^2 Or b^2+c^2=a^2 Then
        Text2. Text＝"是直角三角形"
    Else
        If a^2+b^2>c^2 And a^2+c^2>b^2 And b^2+c^2>a^2 Then
            Text2. Text＝"是锐角三角形"
        Else: Text2. Text＝"是钝角三角形"
        End If
    End If
End If
Text3. Text＝a+b+c                    '计算三角形的周长
L＝(a+b+c) / 2
Text4. Text＝Sqr(L * (L-a) * (L-b) * (L-c))    '计算三角形的面积
```

```
Else：Text1. Text＝"非三角形"
    Text2. Text＝""
    Text3. Text＝""
    Text4. Text＝""
End If
Command2. Enabled＝True
End Sub


Private Sub Command2_Click()          '此处需要设置,以实现清空所有文本框及使"重新输入"按钮无效的功能
    Text1. Text＝""
    Text2. Text＝""
    Text3. Text＝""
    Text4. Text＝""
    Text5. Text＝""
    Text6. Text＝""
    Text7. Text＝""
    Command2. Enabled＝False
End Sub


Private Sub Command3_Click()
    End
End Sub


Private Sub Form_Load()
    Text1. Enabled＝False
    Text2. Enabled＝False
    Text3. Enabled＝False
    Text4. Enabled＝False
    Command2. Enabled＝False
End Sub
```

单击 ▶ 按钮运行程序,并按要求保存。

三、综合应用题

向列表框中添加项目可以用 AddItem 方法,也可以在属性窗口中进行,本题是在属性窗口实现的。列表框的 Text 属性为最后一次选中的表项的文本,ListIndex 属性是已被选中的表项的位置。如果没有选中任何项,ListIndex 的值将设置为一1。双击 Command1 命令按钮进入代码窗口,编写如下代码:

```
Private Sub Command1_Click()
    Dim i As Integer
    For i＝0 To List1. ListCount－1
    List1. Selected(i)＝True
    Next
End Sub


Private Sub Command2_Click()
    Dim i As Integer
    Open "out5. txt" For Output As 1
```

```
For i＝0 To List1. ListCount－1
List1. ListIndex＝i
Print ＃1，List1. Text，
List1. Selected(i)＝False
Next
Close ＃1
End Sub
```

单击 ▶ 按钮运行程序,并按要求保存。

 第13套　上机考试试题答案与解析

一、基本操作题

(1)

①新建一个名为 Form1 的窗体;

②选择"工程"菜单中的"部件"选项,弹出"部件"对话框或在"工具箱"上单击鼠标右键,选择弹出菜单中的"部件"选项,弹出"部件对话框",在对话框的"部件"列表中选择"MicroSoft Common Dialog Control 6.0"项目,使它前边的方框为选中;

③在窗体上添加一个通用对话框 CD1,并将其 DialogTitle 属性设置为"打开文件",其 Filter 属性设置为"文本文件|＊. txt|,所有文件|＊.＊|",其 FilterIndex 属性设置为"2";

④再添加一个命令按钮名称为 Cmd1,

Caption 为"打开文件";

```
Private Sub Command1_Click()
CD1. ShowOpen
End Sub
```

⑤最后按照题目要求保存文件即可。

(2)

①新建一个名为 Form1 的窗体;

②单击工具箱中的 CommandButton 控件图标,在窗体上拖拉出两个命令按钮,在属性窗口设置该命令按钮名称分别为 Cmd1 和 Cmd2,Caption 分别为 Cmd1 和 Cmd2;

③打开代码窗口输入如下代码:

```
Private Sub Cmd1_Click()
Cmd1. Left＝0′将命令按钮放在最左方
Cmd1. Top＝0′将命令按钮放在最上方
End Sub
Private Sub Cmd2_Click()
Cmd2. Height＝Cmd2. Height * 3′将 Cmd2 的高变为 3 倍
Cmd2. Width＝Cmd2. Width * 3′将 Cmd2 的宽变为 3 倍
End Sub
```

④按要求保存文件即完成本题。

二、简单操作题

(1)

①打开题目所给工程文件;

②将注释语句改为:

Loop Until n＞0Andn＜13、Select Casen 和 Select Case m

③按要求保存文件即完成本题。

(2)

①打开题目所给工程文件；

②将注释语句改为：

If Opt1(i). Value＝True Then

Select Caseopt

Lab4＝Str(HS1. Value)＆"　　"＆

opt＆Str(HS2. Value)＆"＝"＆Str(Result)

③按要求保存文件即完成本题。

三、综合应用题

根据题目

1. 打开题目所给工程文件；

2. 打开代码窗口输入如下代码：

```
Private Sub Cmd1_Click()
Dim i As Integer
Dim total As Integer
Dim aver As Single
Dim num(10), namstring(10), sexstring(10), wages(10)
MyFile1＝App. Path ＆ "\" ＆ "in13. dat" "out13. dat"
Open MyFile1 For Input As ＃1
Open MyFile2 For Output As ＃2
For i＝1 To 10
Input ＃1, num(i), namstring(i), sexstring (i), wages (i)
total＝total＋wages(i)
Next i
aver＝total / 10
For i＝1 To 10
If wages(i) ＞ aver Then Write ＃2, num(i), namstring(i), sexstring(i),
wages(i)
Next i
Cmd1. Caption＝"完成"
Cmd1. Enabled＝False
End Sub
```

3. 按要求保存文件即完成本题。

 第 14 套　上机考试试题答案与解析

一、基本操作题

(1)

①新建一个名为 Form1 的窗体；

②单击工具箱中的 CheckBox 控件图标,在窗体上拖拉出三个复选框,在属性窗口设置三个复选框名称分别为 Chk1、Chk2 和 Chk3,标题分别为"First"、"Second"和"Third",设置 Chk2 和 Chk3 的 Value 属性值为 Checked；

③按要求保存文件即完成本题。

(2)

①新建一个名为 Form1 的窗体；

②执行"工具"菜单中的"菜单编辑器"命令,打开菜单编辑器。在"标题"栏中输入"文件",在"名称"栏中输入 vbFile；单击"下一个"按钮,在"标题"栏中输入"编辑",在"名称"栏中输入 vbEdit；单击"下一个"按钮,再单击编辑区的右箭头按钮,在

"标题"栏中输入"剪切",在"名称"栏中输入 vbCut,不要选择"有效"选项;单击"下一个"按钮,在"标题"栏中输入"复制",在"名称"栏中输入 vbCopy;单击"下一个"按钮,在"标题"栏中输入"粘贴",在"名称"栏中输入 vbPaste。

二、简单应用题

(1)

①新建一个名为 Form1 的窗体;

②执行"工具"菜单中的"菜单编辑器"命令,打开菜单编辑器;在"标题"栏中输入"文件",在"名称"栏中输入"vbFile";单击"下一个"按钮,再单击编辑区的右箭头按钮,在"标题"栏中输入"新建",在"名称"栏中输入"vbNew";单击"下一个"按钮,在"标题"栏中输入"打开",在"名称"栏中输入"vbOpen";单击"下一个"按钮,在"标题"栏中输入"保存",在"名称"栏中输入"vbSave";单击"下",在标题栏中输入"帮助",在"名称"栏中输入"vbHelp";

③打开代码窗口输入如下代码:

```
Private Sub vbNew_Click()
MsgBox"新建",
vbOKOnly
End Sub
Private Sub vbOpen_Click()
MsgBox"打开",
vbOKOnly
End Sub
Private Sub vbSave_Click()
MsgBox"保存",
vbOKOnly
End Sub
```

④按要求保存文件即完成本题。

(2)

①新建一个名为 Form1 的窗体;

②单击工具箱中的 TextBox 控件图标,在窗体上拖拉出一个文本框,在属性窗口设置该文本框名称为 Text1;

③单击工具箱中的 Command Button 控件图标,在窗体上拖拉出一个命令按钮,在属性窗口设置该命令按钮名称为 Cmd1,Caption 属性为"计算";

④打开代码窗口输入如下代码:

```
Private Sub Cmd1_Click()
Dim temp As Long
temp=0
For i=100 To 200
If is prime(i)
Then temp=temp+i
End If
Next
Text1. Text=temp
put data"out48. txt"
temp
End Sub
```

⑤按要求保存文件即完成本题。

三、综合应用题

1. 打开题目所给工程文件;

2. 将注释语句改为:

Dim Mat(5,5)

Open App. Path&"\"&"in24. txt"ForInputAs#1

Input#1,Mat(i,j)

Sum=0

Sum=Sum+Mat(3,j)

3.按要求保存文件即完成本题。

 第15套　上机考试试题答案与解析

一、基本操作题

(1)

①新建一个名为Form1的窗体；

②单击工具箱中的 TextBox 控件图标，在窗体上拖拉出一个文本框，在属性窗口设置该文本框名称为 Text1；

③单击工具箱中的 Command Button 控件图标，在窗体上拖拉出一个命令按钮，在属性窗口设置该命令按钮名称为 Cmd1,Caption 属性为 Display。KeyPress 事件是当用户按下和松开一个键时发生，用参数 KeyAscii 来返回所按键的 Ascii 码；

④打开代码窗口输入如下代码：

Private Sub Cmd1_Click()

Text1. Text="Visual Basic"'当单击按钮时在文本框显示"Visual Basic"

End Sub

Private Sub Form_KeyPress(KeyAscii As Integer)

If KeyAscii=27 Then'当按键盘 Esc 键时，也就是 KeyAscii=27 时，调用按钮事件

Call Cmd1_Click

End If

End Sub

⑤按要求保存文件即完成本题。

(2)

①新建一个名为Form1的窗体；

②单击工具箱中的 PictureBox 控件图标，在窗体上拖拉出一个图片框，在属性窗口设置该图片框名称为 Pic1；

③单击工具箱中的 TextBox 控件图标，在窗体上拖拉出一个文本框，在属性窗口设置该文本框名称为 Text1,设置其 Text 属性为空白；

④打开代码窗口输入如下代码：

Private Sub Text1_Change()'将文本框内容显示在图片框中

End Sub

⑤按要求保存文件即完成本题。

二、简单应用题

(1)

①打开题目所给工程文件；

②将注释语句改为：

Open App. Path&"\"&"out. txt"For Output As#1

E=1

Write#1,E

Cmd1. Caption="End"

Cmd1. Enabled=False

③按要求保存文件即完成本题。

（2）

①打开题目所给工程文件；

②将注释语句改为：

Start＝LBound(a)

Finish＝UBound(a)

Max＝a(Start)

If a(i)＞Max Then Max＝a(i)

M＝Find Max(arr2())

③按要求保存文件即完成本题。

三、综合应用题

①打开题目所给工程文件；

②执行"工具"菜单中的"菜单编辑器"命令，打开菜单编辑器；在"标题"栏中输入"读数"，在"名称"栏中输入"vbRead"；单击"下一个"按钮，在"标题"栏中输入"计算"，在"名称"栏中输入"vbCacl"；单击"下一个"按钮。

在"标题"栏中输入"存盘"，在"名称"栏中输入"vbSave"；

③单击工具箱中的 TextBox 控件图标，在窗体上拖拉出一个文本框，在属性窗口设置其名称为 Text1，Multiline 属性设置为 True，ScrollBars 属性设置为 2；

④打开代码窗口输入如下代码：

```
Private Sub vbCalc_Click()
Text1. Text＝" "
For i＝1 To 100
If Arr(i)Mod3＝0 Then
Text1. Text＝Text1. Text&
Arr(i)&Space(5)
temp＝temp＋Arr(i)
End If
Next i
Print temp
End Sub
Private Sub vbRead_Click()
Read Data
End Sub
Private Sub vbSave_Click()
WriteData"out. txt",temp
End Sub
```

⑤按要求保存文件即完成本题。

 第16套 上机考试试题答案与解析

一、基本操作题

（1）文件系统控件有 3 种：驱动器列表框（Drive List Box）、目录列表框（Dir List Box）和文件列表框（File List Box）。3 个文件系统控件必须协调工作才能构成一个文件管理系统，当用户在驱动器列表框中选择一个新的列表框或当目录列表框的 Path 属性改变会触发 Change 事件，将三者实现同步的代码为：File1. Path＝Dir1. Path，Dir1. Path＝Drive1. Drive。

根据题意，新建"标准 EXE"工程，将一个分区列表框控件、一个目录列表框控件和一个文件列表框控件添加到窗体中，分区列表框的名称为 Drive1，目录列表框的名称为 Dir1，文件列表框的名称为 File1。双击 Drive1，进入代码窗口，编写如下代码：

```
Private Sub Dir1_Change()                    '将 File1 和 Dir1 相连
    File1.Path=Dir1
End Sub

Private Sub Drive1_Change()
    Dir1.Path=Drive1.Drive                   '将 Drive1 和 Dir1 相连
End Sub
```

单击 ▶ 按钮运行程序,并按要求保存。

(2)计时器控件是以一定的时间间隔激发计时器事件而执行相应的代码,其 Interval 属性决定时间间隔的长短,以毫秒为单位。所以要实现每一秒文本框的时间改变,只要将该属性设置为 1000,要使程序运行后取得当前时间可用 Time 函数,程序用到的 Str 函数将其中的内容转化为字符串。

根据题意,新建"标准 EXE"工程,将一个标签和一个计时控件添加到窗体中,将标签的名称设为 Label1、字体大小设为四号宋体,Timer 的名称为 Timer1。双击 Timer1,进入代码编写窗口,编写以下代码:

```
Private Sub Form_Load()
    Label1.Caption=Str(Time)
End Sub
Private Sub Timer1_Timer()
    Label1.Caption=Str(Time)
End Sub
```

单击 ▶ 按钮运行程序,并按要求保存。

二、简单应用题

(1)用数组 str(8) 来接收 InputBox 输入的 8 个数,InputBox 的格式为:InputBox(提示[,标题][,默认][,X 坐标位置][,Y 坐标位置]);Enabled 属性可设置控件是否可用,当该值为 True 时可用,为 False 时不可用(灰色);Val() 函数将字符转换成数值。

根据题意,将 5 个命令按钮和 3 个文本框控件添加到窗体中,命令按钮的名称分别为 Command1、Command2、Command3、Command4 和 Command5,Caption 属性分别为"读取数据"、"升序显示"、"平均值"、"清空"和"关闭",文本框的名称分别为 Text1、Text2 和 Text3,Text 属性都为空。双击 Command1 进入代码窗口,补充后的代码如下:

```
Dim a(8) As Long
Dim str(8) As String
Private Sub Command1_Click()
    Dim str1 As String
    Dim str2 As String
    Dim str3 As String
    Dim i As Integer
    str3=""
    For i=1 To 8
        str2=i
        str1="输入第"
        str1=str1+str2
        str1=str1+"个数"
        str(i)=InputBox(str1)
        If str(i)="" Then                    '如果按取消则重新初始化对话框
            Form_Load
        End If
        While Asc(str(i))>Asc("9") Or Asc(str(i))<Asc("0")
```

```
        If str(i) = "" Then
            Form_Load
        End If
        str(i) = InputBox("输入数据无效,请重新输入:")
    Wend
    a(i) = Val(str(i))
    str3 = str3 + str(i) + " "
  Next i
  Command1. Enabled = False
  Command2. Enabled = True
  Command3. Enabled = True
  Command4. Enabled = True
  Text1. Text = str3
End Sub


Private Sub Command2_Click()
  Dim i As Integer
  Dim k As Integer
  Dim j As Integer
  Dim temp As Long
  Dim str As String
  Dim temp As String
  For i = 1 To 8  '升序排列
    temp = a(i)
      For j = 0 To i
      If a(j) ≥ temp Then                    '读取的数据比原位置的数据大
          For k = i To j+1 Step -1
            a(k) = a(k-1)                     '数据向后移
          Next k
          a(j) = temp
          Exit For
      End If
    Next j
  Next i
  For i = 1 To 8
    temp = a(i)
    str = str + temp + " "
  Next i
  Text2. Text = str
End Sub


Private Sub Command3_Click()                  '求平均数
  Dim i As Integer
  Dim total As Long
  total = 0
```

```
    For i＝1 To 8
        total＝total＋a(i)
    Next i
    total＝total\8
    Text3.Text＝total
    Command1.Enabled＝False
    Command2.Enabled＝True
    Command3.Enabled＝False
    Command4.Enabled＝True
End Sub


Private Sub Command4_Click()                      '清空所有文本框
    Text1.Text＝""
    Text2.Text＝""
    Text3.Text＝""
    Command1.Enabled＝True
    Command2.Enabled＝False
    Command3.Enabled＝False
    Command4.Enabled＝False
End Sub


Private Sub Command5_Click()                      '关闭对话框
    Unload Me
End Sub


Private Sub Form_Load()                           '初始化对话框
    Command1.Enabled＝True
    Command2.Enabled＝False
    Command3.Enabled＝False
    Command4.Enabled＝False
    Command5.Enabled＝True
End Sub
```

单击 ▶ 按钮运行程序,并按要求保存。

(2)要计算累加和通常利用 For 循环来完成。文本框中的内容(包括数字)默认都是当做字符串来处理的,如果要参与数据运算,则需先用 Val() 函数将其转化为数字。

根据题意,将 3 个标签、两个命令按钮和两个文本框控件添加到窗体中,标签的 Caption 属性分别为"要求:程序能得到结果 total,total＝1＋2＋3＋....＋n"、"输入 n(0＜n＜＝9999)"和"结果是",命令按钮的名称分别为 Command1 和 Command2,Caption 属性分别为"开始"和"关闭",文本框的名称分别为 Text1 和 Text2,Text 属性都为空。双击 Command1 进入代码编写窗口,补充后的具体代码如下:

```
Private Sub Command1_Click()                      '开始命令按键
    Dim i As Integer
    Dim total As Long
    n＝Val(Text1.Text)                            '获得 n
    total＝0
    For i＝1 To n
```

```
    total＝total＋i                           '累加
  Next i
  Text2.Text＝total
  Command1.Enabled＝False                    '完成后 Command1 不可用
  Command1.Caption＝"完成"                   '名称改为完成
End Sub


Private Sub Command2_Click()                 '关闭命令按键
  Unload Me
End Sub
```

单击 ▶ 按钮运行程序,并按要求保存。

三、综合应用题

命令按钮的标题由 Caption 属性来设置,单击命令按钮触发 Click 事件;执行完毕,"开始"按钮变成"完成",且无效(变灰);Open "in5.dat" For Input As ＃1 以只读方式打开文件,读出数据;程序中用到的 Input 读文件的格式为:Input ＃文件号,变量列表,在将数据写入文件时,要使用 Write ＃ 语句而不是使用 Print ＃语句,因为 Write ＃ 语句能够将各个数据项正确区分开。

根据题意,将一个标签和两个命令按钮添加到窗体中,标签的 Caption 属性为"从考生文件夹下的 in5.dat 中读出数据并求出它们的总分和平均分,将结果写入考生文件夹下的 out5.dat 文件中",命令按钮的名称分别为 Command1 和 Command2,Caption 属性分别为"开始"和"关闭"。双击 Command1 进入代码编写窗口,利用 EOF 来判断是否读完数据,利用计数记录读取数据的个数,补充后的具体代码如下:

```
Private Sub Command1_Click()  '开始命令
  Dim total As Long
  Dim temp As Integer
  Dim str As String
  Dim num As Integer
  total＝0
  num＝0
  Open "in5.dat" For Input As ＃1            '打开文件进行读取
  While EOF(1)＝False                        '如果没读到文件尾继续读取
    Input ＃1, str
    temp＝Val(str)                           '将读到的字符串转换成数值
    total＝total＋temp                       '进行累加
    num＝num＋1                              '计数加 1
  Wend
  Close ＃1
  Open "out5.dat" For Output As ＃2          '打开文件,进行写入
  Write ＃2,"总和是"
  Write ＃2, total                          '写入总和
  Write ＃2, "平均值是"
  Write ＃2, total\num                       '写入平均值
  Command1.Enabled＝False                    '计算完成后 Command1 不可用
  Command1.Caption＝"完成"                   'Command1 的名称变为完成
End Sub


Private Sub Command2_Click()                 '关闭命令
```

```
   Unload Me
End Sub
```

单击 ▶ 按钮运行程序，并按要求保存。

 第 17 套　上机考试试题答案与解析

一、基本操作题

(1)列表框控件用于显示可供单一或多个选择的列表项，给列表框添加列表项既可以在设计阶段通过其 List 属性设置加入(注意每输入完一项后按<Ctrl＋Enter>组合键换行再输入下一项)，也可在程序运行时通过代码"列表框名.AddItem"项目""加入，清除窗体内容可通过 Cls 方法来实现。

根据题意，新建"标准 EXE"工程，将一个 List 控件添加到窗体中，其名称为 List1，在属性窗口的 List 属性中添加"Item1"、"Item2"和"Item3"，每输入一个后按<Ctrl＋Enter>组合键换行输入下一个元素，当输入完成后，按回车键，则元素添加完成，双击 Form1 的空白处，进入代码编写窗口，编写如下代码：

```
Private Sub Form_DblClick()
    Dim i As Integer
    For i＝List1.ListCount－1 To 0 Step －1    '先删除索引大的项，防止 i 溢出
        List1.Remove Item i                      '移除索引指定项
    Next i
End Sub
```

单击 ▶ 按钮运行程序，并按要求保存。

(2)命令按钮(Command Button)常用来建立实现某种命令，通过命令按钮的 Caption 属性设置其标题；控件是否有效由其 Enabled 属性来设置，值为 True 表示有效，值为 False 表示无效；单击命令按钮将触发其 Click 事件。

要实现程序运行时单击某个按钮使文本框变为无效，只需在编写该按钮的 Click 事件过程中修改文本框的 Enabled 属性值即可。

根据题意，新建"标准 EXE"工程，将一个文本框控件和两个命令按钮添加到窗体中，文本框的名称为 Text1，命令按钮的名称分别为 Command1 和 Command2，Caption 属性分别为"启用"和"禁用"。双击 Command1 进入代码窗口，编写如下代码：

```
Private Sub Command1_Click()
    Text1.Enabled＝True                          '启用 Text1
End Sub


Private Sub Command2_Click()
    Text1.Enabled＝False                         '禁用 Text1
End Sub
```

单击 ▶ 按钮运行程序，并按要求保存。

二、简单应用题

(1)本题考查计时器控件(Timer)、命令按钮控件(Command Button)的常用属性和事件，以及编写简单事件过程。

计时器只在设计时可见，计时器是否启用由其 Enabled 属性设置，值为 True 或 False。启用后间隔多长时间触发一次其 Timer 事件由其 Interval 属性设置，Interval 属性的单位为毫秒，默认值为 0，此时计时器也不启用。

控制命令按钮向左移动可通过修改其 Left 属性值实现，当 Left 属性值超过窗体的 Width 属性值时，表示按钮已移出窗体，此时 Left 属性值设为 0，即可将按钮返回窗体右端。移动按钮的事件过程均在计时器的 Timer 中实现。

根据题意，将一个命令按钮和一个计时器控件添加到窗体中，命令按钮的名称为 Command1，Caption 属性为"向左移动"，Timer 的名称为 Timer1。双击 Command1 进入代码编写窗口，Timer1 将隔一个周期调用 Timer 函数一次，而按下 Command1 将启动 Timer1 计时器，即设置其周期，补充后的具体代码如下：

```
Private Sub Command1_Click()
```

```
    Timer1. Interval=300                          '设置 Timer 的周期
End Sub

Private Sub Timer1_Timer()
    Command1. Left=Command1. Left-100             'Command 向左移动
    If Command1. Left<0 Then
        Command1. Left=Form1. Width-Command1. Width'当移动出最左端时,Command 返回窗体最右端
    End If
End Sub
```

单击 ▶ 按钮运行程序,并按要求保存。

(2)本题主要考查复选框(CheckBox)和单选按钮(OptionButton),以及用 If 语句编程的综合运用。

复选框组常用于提供多重选择,Value 属性值决定每个复选框的选中状态:0 表示未选;1 表示选中;2 表示不可用(即灰色);单选按钮组常用于提供唯一选择,Value 属性值决定每个单选按钮的选中状态:False 表示未选、True 表示选中。

根据题意,窗体已设计好,只要考生编写相应的代码以实现其功能。双击 Command1 进入代码窗口,编写如下代码:

```
Private Sub Command1_Click()
    If Option1. Value=True Then                   '选择 Option1
        If Check1. Value=1 And Check2. Value=1 Then
            Label1. Caption="我既会"+Check1. Caption+"也会"+Check2. Caption
        Else If Check1. Value=1 Then
            Label1. Caption="我只会"+Check1. Caption    '显示我只会英语
        Else If Check2. Value=1 Then
            Label1. Caption="我只会"+Check2. Caption    '显示我只会德语
        End If
    Else                                          '选择 Option2
        If Check1. Value=1 And Check2. Value=1 Then
            Label1. Caption="我既不会"+Check1. Caption+"也不会"+Check2. Caption
        Else If Check1. Value=1 Then
            Label1. Caption="我不会"+Check1. Caption     '显示我不会英语
        Else If Check2. Value=1 Then
            Label1. Caption="我不会"+Check2. Caption     '显示我不会德语
        End If
    End If
End Sub
```

单击 ▶ 按钮运行程序,并按要求保存。

三、综合应用题

本题重点考查"冒泡法"数据排序方法。"冒泡法"是一种重要的数据排序算法,其思想是按顺序让一个数列中的每一个数都与其之后所有的数逐一进行比较,如果该数小于其后面的数,则把这两个位置的数进行交换。依此类推,即可实现所有数的降序排列。

根据题意,将两个命令按钮添加到窗体中,名称分别为 Command1 和 Command2,Caption 属性分别为"输入"和"结果"。双击 Command1 进入代码窗口,编写如下代码:

```
Dim a(6) As Integer
Dim str As String
Dim temp As String
Dim i As Integer
Private Sub Command1_Click()
```

< 177 >

```
    str="排序前:"
    For i=1 To 6
        a(i)=Val(InputBox("请输入:"))          '输入 6 个数到数组中
        temp=a(i)
        str=str+temp+" "                        '将数组中的数放到字符串中
    Next i
    Print str                                    '在窗口中显示数组
End Sub


Private Sub Command2_Click()
    str="排序后:"
    For i=1 To 6                                 '降序排列
        temp=a(i)
        For j=1 To i
            If a(j)<=temp Then                   '读取的数据比原位置的数据小则偏移
                For k=i To j+1 Step-1
                    a(k)=a(k-1)                  '数据向后偏移一个
                Next k
                a(j)=temp
                Exit For
            End If
        Next j
    Next i
    For i=1 To 6
        temp=a(i)                                '将排序后的数组放入字符串中
        str=str+temp+" "
    Next i
    Print str                                    '在窗口中显示排序后的结果
End Sub
```

单击 ▶ 按钮运行程序,并按要求保存。

 第18套　上机考试试题答案与解析

一、基本操作题

(1)命令按钮的高度由 Height 属性设置,宽度由 Width 属性设置,单击命令按钮触发 Click 事件;在窗体上打印信息通过 Print 方法来实现。

根据题意,新建"标准 EXE"工程,将一个命令按钮添加到窗体中,其名称为 Command1,Caption 属性为输出,Height 属性为 600,Width 属性为 1600。双击命令按钮进入代码窗口,编写如下代码:

```
Private Sub Command1_Click()
    Print "Hello World!"
End Sub
```

单击 ▶ 按钮运行程序,并按要求保存。

(2)单击命令按钮触发 Click 事件,命令按钮的标题由其 Caption 属性设置;在窗体上打印信息通过 Print 方法来实现。

根据题意,新建"标准 EXE"工程,将两个命令按钮和一个标签添加到窗体中,将两个 Command 的名称分别设为 Command1 和 Command2,Caption 属性分别设为"上午"和"下午",标签的名称为 Label1,Caption 属性为空,设置完成后双击

< 178 >

Command1 进入代码窗口,编写如下代码:

```
Private Sub Command1_Click()
    Form1.Cls
    Print "上午9:00—12:00"
End Sub

Private Sub Command2_Click()
    Form1.Cls
    Print "下午12:00—18:00"
End Sub
```

单击 ▶ 按钮运行程序,并按要求保存。

二、简单应用题

(1)在 Visual Basic 中,菜单也被看做控件,具有属性和事件。菜单的建立在菜单编辑器中完成,菜单的级数通过内缩符号来表示,第一级菜单没有内缩符号,第二级菜单的内缩符号为1。

根据题意,新建"标准 EXE"工程,按<Ctrl+E>组合键打开菜单编辑器,在其中添加如下菜单项:

标　签	名　称	内　缩
操作系统	vbOS	无
Windows	vbOS1	一位
Unix	vbOS2	一位
AppleMacOS	vbOS3	一位
帮助	vbHelp	无

单击"确定"按钮,完成菜单编辑。再将一个文本框控件添加到窗体中,将其名称设为 Text1。如下代码:

```
Private Sub vbOS1_Click(Index As Integer)        'Windows 选项
    Text1.Text="个人用户"
End Sub

Private Sub vbOS2_Click(Index As Integer)        'Unix 选项
    Text1.Text="服务器"
End Sub

Private Sub vbOS3_Click(Index As Integer)        'AppleMacOS 选项
    Text1.Text="苹果电脑"
End Sub
```

单击 ▶ 按钮运行程序,并按要求保存。

(2)复选框用来表示状态,在程序运行期间可以改变其状态。复选框标题由 Caption 属性来设置,复选框的 Value 属性用来表示复选框的状态,其取值有:0 表示复选框未被选中;1 表示复选框被选中;2 表示复选框被禁止使用(灰色)。

根据题意,将一个文本框控件和两个复选按钮添加到窗体中,文本框控件的名称设为 Text1,复选按钮的名称分别设为 Check1 和 Check2,Caption 属性分别设为 C++ 和 Basic。由于是单击窗体触发事件,因此,双击窗体进入代码窗口,补充后的代码如下:

```
Private Sub form_click()
    Text1.Text=""
        If Check1.Value And Not Check2.Value Then Text1.Text="我掌握 C++"
            If Check1.Value=0 And Check2.Value Then Text1.Text="我掌握 Basic"
                If Check1.Value And Check2.Value=1 Then Text1.Text="我掌握 C++和 Basic"
End Sub
```

单击 ▶ 按钮运行程序,并按要求保存。

三、综合应用题

文本框显示的内容由 Text 属性设置,Multiline 属性设置文本框是否可多行显示;按钮的标题由 Caption 属性设置,单击命令按钮触发 Click 事件。题中涉及对文件的操作,读入顺序文件以顺序的方式打开,用 Input # 语句读取数据,另外需要注意的是对文件操作完后,一定要关闭文件。

根据题意要求将一个文本框控件和两个命令按钮添加到窗体中,其中文本框的名称为 Name1,MultiLine 属性为 True,滚动属性为 2;命令按钮的名称分别为 Command1 和 Command2,Caption 的属性分别为"读取"和"计算保存"。在"工程"窗口中单击鼠标右键,在弹出的快捷菜单中选择"添加"→"添加模块",然后在弹出对话框的"现存"选项卡中选择"mode. bas",单击"确定"按钮即添加成功。模块 mode. bas 中的代码如下:

```
Function writeData(total As Long)
    Open "out. txt" For Output As #1
    Write #1, total
    Close #1
End Function
```

窗体中补充后的代码如下:

```
Dim a(50) As Long                              '全局变量
Dim str(50) As String                          '全局变量
Dim total As Long
Dim n As Integer
Private Sub Command1_Click()
    total=0
    n=0
    Text1. Text=""
    Open "in. txt" For Input As #1             '打开"in. txt"文件
    Dim i As Integer
    Dim temp As Integer
    For i=0 To 49
        Input #1, temp
        a(i)=temp                              '按顺序读入到数组中
    Next i
    For i=0 To 49
        If a(i)>=500 Then
            total=total+a(i)                   '当符合条件时进行相加
            n=n+1                              '当符合条件是则 n 增1
        End If
        str(i)=a(i)
        Text1. Text=Text1. Text+str(i)+vbCrLf  '将数组中的 50 个数放入 Text 中显示
    Next i
    total=total\n
    Close #1
End Sub


Private Sub Command2_Click()
    Text1. Text=total
    writeData (total)                          '将结果保存到 out. txt
```

End Sub

单击 ▶ 按钮运行程序,并按要求保存。

 第19套　上机考试试题答案与解析

一、基本操作题

(1)根据题意,新建"标准 EXE"工程,按<Ctrl+E>组合键打开菜单编辑器,在其中添加如下菜单项:

标　签	名　称	内　缩
颜色	vbColor	无
红色	vbRed	一位
绿色	vbGreen	一位

设置完成后,双击输出命令进入代码窗口,编写如下代码:

Private Sub vbGreen_Click()　　　　　　　　'单击绿色命令
　Pic1. BackColor=RGB(0, 255, 0)　　　　　'Pic1 的背景色为绿色
End Sub

Private Sub vbRed_Click()　　　　　　　　　'单击红色命令
　Pic1. BackColor=RGB(255, 0, 0)　　　　　'Pic1 的背景色为红色
End Sub

单击 ▶ 按钮运行程序,并按要求保存。

(2)列表框的内容由属性 List 来设置,双击鼠标将触发控件的 DblClick 事件。

根据题意,新建"标准 EXE"工程,将一个列表框添加到窗体中,其名称为 List1,在 List 属性中添加"Item1"、"Item2"和"Item3",每输入完一项按<Ctrl+Enter>组合键输入下一项,当输入完成后,按回车键,双击 List1 进入代码窗口,编写如下代码:

Private Sub List1_dblclick ()
　List1. AddItem List1. List(List1. ListIndex)
End Sub

单击 ▶ 按钮运行程序,并按要求保存。

二、简单应用题

(1)根据题意,新建"标准 EXE"工程,将两个标签和两个命令按钮添加到窗体中,标签的 Caption 属性分别为"利用循环计算 1+1/2+1/4+1/8+1/16+1/32 的结果,并把结果写入目标文件中。"和"目标文件:考生文件夹\out3. txt",命令按钮的名称分别为 Command1 和 Command2,Caption 属性分别为开始和关闭,由于是小数,则参数定义为 Double 类型,双击 Command1 进入代码窗口,编写如下代码:

Private Sub Command1_Click()

　　Dim res As Double　　　　　　　　　　　'结果

　　Dim i As Integer　　　　　　　　　　　 '计数

　　Dim temp As Double　　　　　　　　　　 '每个需要相加的数

　　res=1

　　temp=1

　　For i=1 To 5　　　　　　　　　　　　　'循环5次,表示除了1之外的5个分数

　　　temp=temp/2　　　　　　　　　　　　'每个数都是前一个的一半

　　　res=res+temp　　　　　　　　　　　 '进行相加

　　Next i

　　Open "out3. txt" For Output As #1　　 '打开文件

　　Write #1, res　　　　　　　　　　　　 '将结果写入文件

< 181 >

```
        Close #1
        Command1. Caption="完成"
        Command1. Enabled=False
   End Sub


   Private Sub Command2_Click()
   Unload Me                              '关闭对话框
   End Sub
```

单击 ▶ 按钮运行程序,并按要求保存。

(2)单选按钮都是成组出现,用户在一组单选按钮中只能且最多选择一项,某项被选定后,其左边的圆圈中出现一个黑点;字体由 FontName 属性决定,字体的大小由 FontSize 属性决定;清除文本框的内容可以用将文本框的内容置空来实现(文本框. Text="")。

框架是一个容器控件,用于将窗体上的控件分组,不同的对象可放在同一个框架内,它提供了视觉上的区分和总体的激活或屏蔽功能。要使用框架对控件进行分组,必须先画出框架,然后在框架内画出需要成为一组的控件,这样才能将框架内的控件组成一个整体。

根据题意,本题补充后的具体代码如下:

```
   Private Sub Command1_Click()
       Text1. Font. Bold=False
       Text1. Font. Italic=False
       Text1. Font. Underline=True
       Option1. Value=True
       Option4. Value=True
       Text1. Font. Name="宋体"
       Text1. Text="模拟试题"
   End Sub


   Private Sub Command2_Click()
       Text1. Text=""
   End Sub


   Private Sub Form_Load()
       Text1. Text="模拟试题"
       Text1. Font. Bold=False
       Text1. Font. Italic=False
       Text1. Font. Underline=True
       Text1. Font. Name="宋体"                    '字体为宋体
   End Sub


   Private Sub Option1_Click()
       Text1. Font. Name="宋体"                    '字体为宋体
   End Sub


   Private Sub Option2_Click()
       Text1. Font. Name="楷体_GB2312"            '字体为楷书
   End Sub
```

< 182 >

```
Private Sub Option3_Click()
    Text1. Font. Name="隶书"                    '字体为隶书
End Sub

Private Sub Option4_Click()
    Text1. Font. Bold=False                     '不是黑体
    Text1. Font. Italic=False                   '不是斜体
    Text1. Font. Underline=True                 '加下画线
End Sub

Private Sub Option5_Click()
    Text1. Font. Bold=True
    Text1. Font. Italic=False
    Text1. Font. Underline=False
End Sub

Private Sub Option6_Click()
    Text1. Font. Bold=False
    Text1. Font. Italic=True
    Text1. Font. Underline=False
End Sub
```

单击 ▶ 按钮运行程序,并按要求保存。

三、综合应用题

程序运行时控件是否可用由其 Enabled 属性决定,当其值为 True 时可用,当为 False 时不可用(灰色)。对文件进行操作必须先打开文件,同时通知操作系统对文件进行读操作还是写操作,打开文件的命令是 Open,其常用形式为:Open "文件名" For 模式 As [♯]文件号 [Len=记录长度]。

模式有 Output(打开文件,对其进行写操作)、Input(打开文件,对其进行读操作)、Append(打开文件,在文件末尾追加记录)。

统计大小写字符和数字只需根据字符的 Ascii 码判断,大写字母的 Ascii 值是 65~90,小写字母的 Ascii 值是 97~122,数字的为 48~57。利用 EOF 来判断是否读完数据。

根据题意双击 Command1 进入代码编写窗口,补充后的具体代码如下:

```
Private Sub Command1_Click()
    Dim b As String
    Dim temp As String
    Dim nn As Long
    Dim cn As Long
    Dim otn As Long
    Dim i As Integer
    nn=0
    i=0
    cn=0
    otn=0
    Open ".\sjin. dat" For Input As ♯1
    While EOF(1)=False
        Input ♯1, temp                          '将字符串读入到 temp 中
```

< 183 >

```
    For i＝1 To Len(temp)
        b＝Mid(temp，i，1)                              '利用 Mid 函数提取字符 Mid(String，Index，[length])
        If Asc(b)＞＝Asc("0") And Asc(b)＜＝Asc("9") Then
            nn＝nn+1
        Else
        If Asc(b)＞＝Asc("A") And Asc(b)＜＝Asc("z") Then
            cn＝cn+1
        Else
            otn＝otn+1
            End If
        End If
    Next i
Wend
Close ♯1
Command1.Caption＝"完成"
Command1.Enabled＝False
Open ".\sjout.dat" For Append As ♯2 '打开文件准备写入
Print ♯2，"数字个数:"
Print ♯2，nn
Print ♯2，"字母个数"
Print ♯2，cn
Print ♯2，"其他字符个数"
Print ♯2，otn
Close ♯2
End Sub


Private Sub Command2_Click()
    Unload Me
End Sub
```

单击 ▶ 按钮运行程序，并按要求保存。

 第20套　上机考试试题答案与解析

一、基本操作题

(1)根据题意，新建"标准 EXE"工程，将一个 Text 控件和一个 Command 控件添加到窗体上。Text 的名称为 Text1，Text 属性为空，Font 属性为四号、常规、黑体，Command 的名称为 Command1，Caption 属性为"输出"。双击 Command1 命令按钮，编写如下代码：

```
Private Sub Command1_Click()
    Text1.Text＝"模拟考试"
End Sub
```

单击 ▶ 按钮运行程序，并按要求保存。

(2)根据题意，新建"标准 EXE"工程，将一个 Label 控件和一个 Command 控件添加到窗体上。Label 的名称为 Label1，Caption 属性为空，BorderStyle 属性为1，Command 的名称为 Command1，Caption 属性为"最右端"。双击 Command1 命令按钮，编写如下代码：

```
Private Sub Command1_Click()
```

```
    Label1. Left＝Form1. Width－Label1. Width        '将 Label1 移动到最右端
End Sub
```

单击 ▶ 按钮运行程序,并按要求保存。

二、简单应用题

(1)根据题意,将一个 Text 控件、一个 Label 控件和一个 Command 控件添加到窗体上,Text 的名称为 Text1,Text 属性为空,MultiLine 属性为 True,ScrollBar 属性为 2,Label 的名称为 Label1,Caption 属性为空,Command 的名称为 Command1,Caption 属性为"读入文件",设置完成后双击 Command1 命令按钮,编写如下代码:

```
Private Sub Command1_Click()
    Dim str As String
    Dim temp As String
    str＝""
    Open ".\in. txt" For Input As ＃1            '打开文件准备读取
    While EOF(1)＝False                          '判断是否读到文件尾
        Input ＃1, temp                          '读取字符串
        str＝str＋temp                           '将读取的字符串放入输出字符串中
    Wend
    Close ＃1                                    '关闭文件
    Text1. Text＝str                             '在 Text1 中显示输出字符串
    Label1. Caption＝Len(str)                    '将字符串长度在 Label1 中显示出来
End Sub
```

单击 ▶ 按钮运行程序,并按要求保存。

(2)根据题意,在窗体上添加一个 Text 控件和两个 Command 控件,Text 的名称为 Text1,Text 属性为空,Command 的名称分别为 Command1 和 Command2,Caption 属性分别为"读入"和"取中间值"。双击 Command1 命令按钮,编写如下代码:

```
Dim a(5) As Integer
Private Sub Command1_Click()
    Dim i As Integer
    Dim temp As Integer
    Dim j As Integer
    Dim k As Integer
    For i＝1 To 5
        a(i)＝Val(InputBox("请输入"))            '通过输入对话框获得5个数放入数组中
    Next i
    For i＝1 To 5                                '降序排列
        temp＝a(i)
        For j＝1 To i
            If a(j)＜temp Then                    '读取的数据比原位置的数据小则偏移
                For k＝i To j＋1 Step －1
                    a(k)＝a(k－1)'数据向后偏移一个
                Next k
                a(j)＝temp
                Exit For
            End If
        Next j
    Next i
End Sub
```

```
Private Sub Command2_Click()
    Text1. Text＝a(3)                              '数组 a 的第 3 个数即为中间值
End Sub
```

单击 ▶ 按钮运行程序,并按要求保存。

三、综合应用题

根据题意,将两个 Text 控件和 3 个 Command 控件添加到窗体上,Text 的名称分别为 Text1 和 Text2、Text 属性全为空,其中 Text1 的 MultiLine 属性为 True,ScrollBar 属性为 2,Command 的名称分别为 Command1、Command2 和 Command3,Caption 属性分别为"读入数据"、"0 判断计算"和"保存"。双击 Command1 命令按钮,编写如下代码:

```
Dim a(50) As Integer
Dim total As Long
Private Sub Command1_Click()
    Dim str As String
    Dim i As Integer
    str＝""
    Open ".\sjin. txt" For Input As ＃1          '打开文件准备读入
    For i＝1 To 50                                '利用 For 循环将 50 个数读入到数组中
        Input ＃1, a(i)
        str＝str＋CStr(a(i))＋vbCrLf              '以字符串形式保存
    Next i
    Close ＃1
    Text1. Text＝str                             '在 Text1 中显示数组
End Sub


Private Sub Command2_Click()
    Dim i As Integer
    Dim str As String
    str＝""
    total＝0
    For i＝1 To 50                                '利用 For 循环遍历数组
        If a(i)＞400 And a(i) Mod 2＝1 Then       '判断是否大于 400 且是奇数
            total＝total＋a(i)                    '如果是则求和
            str＝str＋CStr(a(i))＋vbCrLf          '并放入输出字符串中
        End If
    Next i
    Text1. Text＝str                             '在 Text1 中显示符合条件的数
    Text2. Text＝total                           '在 Text2 中显示和
End Sub


Private Sub Command3_Click()
    Open ".\sjout. txt" For Output As ＃2        '打开文件准备写入
    Print ＃2, total                             '将求得的和写入文件中
    Close ＃2
End Sub
```

单击 ▶ 按钮运行程序,并按要求保存。